청소년을 위한

한발빠른
IT
수업

청소년을 위한
한발빠른
IT
수업

최신 IT
트렌드를
이해하는
41가지 질문

이임복 지음

매경주니어
books

머리말

 아빠 방금 결제 문자 옴   6:55 PM

일을 끝내고 집에 돌아가는 길에 아들 녀석에게서 카톡 쪽지가 왔습니다.

'응?'

이어 메일로 주문 영수증이 왔습니다.

▶ Google Play

감사합니다.

Google Play에서 FERNANDEZ RENEE에 대한 무료 평가판 구독을 신청하셨습니다. 평가판 기간이 **2021. 10. 25.**에 종료됩니다. 취소하지 않으면 평가판 기간이 끝난 후 **자동으로 구독료 (현재 ₩400,000/연)**가 청구됩니다. 언제든지 취소할 수 있습니다. 정기 결제 관리

출처: 세컨드브레인 연구소

'새로운 게임이라도 깔았나? 그러다 인앱 결제를 잘못 눌렀나보네.'

그렇게 생각하며 메일을 쭉 읽어보는데… 순간 제 눈을 의심했습니다.

구독료 400,000원!

4만 원도 아니고 40만 원? 그래도 다행인 건 평가판이라는 말과 언제든 취소 가능하다는 말이 쓰여 있었죠.

일단 아이에게 물어보기 전에 급하게 구독 취소를 했습니다. 어째서 이런 일이 일어난 걸까? 생각해보니 원인은 두 가지더군요. 우선 하나는 페르난데스 레네Fernandes Renee에서 만든 매직미러magic mirror라는 알 수 없는 게임의 악독함 때문이에요. 연간 결제 동의를 너무 쉽게 하게 만들어놓은 거죠. 빠르기 화면을 두드리는 게임인데 갑자기 구독 승인 버튼이 떴다고 합니다. 또 다른 하나는 집에 놓고 다녔던 태블릿에서 새로운 앱을 다운받을 때 암호 입력 없이 즉시 다운로드를 할 수 있게 해두었다는 점입니다.

당연히 나쁜 건 앱 개발사지만, 사전에 이를 방지하지 못한 제게도 잘못이 있었죠. 집에 돌아와 큰돈이 결제 되었을까 봐 걱정하는 아이를 좀 놀려주었습니다.

"야야, 큰일 났어! 40만 원이야 40만 원! 이거 어떡하냐?"

그러다가 이런 일이 다른 집에서도 일어났을 경우를 상상해봤어요. 아이는 무작정 그런 적 없다고 잡아뗄 테고 부모는 애가 거짓말한다며 소리 지르는 모습이 머릿속에 그려지더군요. 아주 쉽게 해결할 수 있는 일인데도 상황이 너무 커지죠.

이 책을 쓴 이유가 바로 이 때문입니다. 부모님이 먼저 읽어도 좋고, 청소년 여러분이 먼저 읽어도 됩니다. IT를 좋아하는 사람들이라도 '맞다! 이게 이랬었지!'라며 모를 수 있는 내용들도 담아냈습니다. 누구나 한 번쯤은 궁금했을 내용일 겁니다.

4차 산업혁명 시대. 메타버스의 시대라고 들어보셨죠? 제가 선생님들이나 부모님들께 강의를 하고 나면 "앞으로 어떤 걸 가르쳐야 할까요?", "코딩 교육이 도움될까요?"와 같이 깊이 생각해야 하는 질문을 받기도 하고 "우리 애한테 이제라도 스마트폰을 사줘야 하나요?"와 같이 학부모인 저도 고민하게 만드는 질문들을 받기도 합니다.

아이들에게 강의를 할 때면 질문이 더 많습니다. 강의 중간중간에 손들고 이야기하는 친구들도 있고, 채팅창에서 적극적으로 참여하는 친구들도 있죠(이게 다 코로나 때 줌으로 열심히 수업한 덕분입니다. 여러분). 끝나고 나서 질문하는 것도 다릅니다. "언제 로봇을 만날 수 있어요?" 혹은 "풀 다이브Full Dive의 시대가 되려면 얼마나 남았어요?", "어떤 과를 가야 하나요?"와 같은 가벼운 질문에서 어려운 질문까지 나오기도 하죠.

부모님들에게 드리고 싶은 말이 있습니다. 앞으로 아이들이 살아갈 세상은 정말 놀라운 세상이 될 겁니다. 우리가 어렸을 때 언젠가 이런 일이 있으면 좋겠다고 상상하던 모든 일들이 현실이 되고, 그걸 직접 경험하고 살아가는 건 우리 아이들이 될 겁니다.

생각해보세요. 누구나 우주여행을 쉽게 갈 수 있는 세상, 누구나 자율주행차를 타는 세상, 자신이 있는 공간에서 가상의 세계에 접속해 다른 사람들과 쉽게 연결되는 세상….

얼마 남지 않았습니다. 이런 세상을 살아갈 아이들에게 구시대를 살았던 우리는 어떤 조언을 해줄 수 있을까요?

청소년 여러분에게도 드리고 싶은 말이 있습니다. 여러분이 살아갈 세상은 굉장히 멋진 세상이 될 겁니다. 무엇이든 할 수 있고 무엇이든 될 수 있는, 그야말로 무엇이든 가능한 '가능성의 시대'가 열리게 되죠. 다만 이 시대 속에서도 하고 싶은 일들을 하며 살아가기 위해서는 학교에서 배우는 읽기, 쓰기, 말하기라는 기초 학습과 나머지 과목들을 내려놔서는 안 됩니다. 앞으로의 세상이 어떻게 변할지 모르기 때문에, 어떻게 변하더라도 적응할 수 있으려면 기본기를 갖추고 있어야 합니다.

마지막으로 부모님과 청소년 모두가 같이 생각해야 할 게 하나 있습니다. 바쁜 일상 속에서 잠깐 멈춰서 질문을 던지고 답을 찾는 일입니다. 우리가 당연히 누리고 있는 것들에 대해서 잘 모르고 있다면 스스로 답을 찾아보는 거죠. 모든 답이 유튜브와 구글에 있으니 얼마나 좋은 세상인가요. 제대로 된 질문을 던진다면 제대로 된 답을 찾을 수 있습니다.

그러니 이 책에 있는 내용 외에도 항상 질문과 답을 생각해보세요. 스스로 답을 찾는 과정에서 무엇이든 될 수 있는 자신감과 세상의 변화에 뒤처지지 않는다는 확신을 가지게 될 겁니다.

자, 그럼 시작해볼게요.

차례

PART 1
새로운 연결의 시대

PART 7

새로운 일의 시대

새로운
연결의
시대

인앱 결제가
뭐예요?

 실수로 비싼 앱이 결제되었어요. 어떻게 해야 하죠?

인앱In-App 결제는 말 그대로 앱App을 설치할 때 무료인데, 그 안에서(in) 추가로 결제를 하게 되는 걸 말해요. 예를 들어서 〈포켓몬스터 고〉라는 게임이 있어요. 게임을 설치하는 것도 무료이고 게임을 하는 것도 무료인데 게임을 하다가 몬스터볼이 모자라면 그땐 어떻게 해야 하죠? 근처 포켓스탑에 가서 충전을 하거나 돈을 주고 구입해야 해요. 이때 결제가 되는 걸 인앱 결제라고 합니다.

　문제는 초등학생들이 부모님 폰을 빌려서 게임을 하거나, 자신의 폰이라도 부모님 계정으로 로그인이 되어 있는 경우예요. 초등학생이 아니더라도 실수로 결제가 돼버리는 일도 있습니다. 앞서 머리말에서 이야기했던 매직미러라는 게임이 대표적이죠. 게임을 실행하면 화면을 빠르게 터치하게 되어 있는데. 마지막에 슬쩍 인앱 결제 버튼이 나와요. 자기도 모르는 사이에 터치하면 빠르게 승인 후 결제가 되죠.

　결제를 막는 법은 결제가 될 때마다 비밀번호나 지문 및 얼굴 인식으로 한 번 더 확인하도록 하는 절차를 켜놓으면 됩니다. 대부분 부모님들이 잘 모르거나 귀찮아서 이 부분을 빼놓습니다.

　어떻게 하면 될까요? 방법은 간단합니다. 안드로이드를 먼저 이야기해볼게요.

우선 플레이스토어를 실행한 다음, 아래 그림과 같이 오른쪽 위에 표시된 부분을 누르세요.

그런 다음 '설정' 메뉴로 들어갑니다.

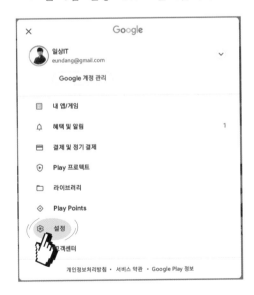

설정 메뉴에서 '구매 시 인증 요구'에 '확인 안 함' 표시가 되어 있을 거예요.

여기서 '이 기기에서 Google Play를 통해 구매할 때마다 인증'을 눌러 주세요. 그리고 계정 비밀번호를 입력하면 됩니다. 쉽죠?

만약 인앱 결제가 아니라 몇만 원짜리 앱을 실수로 결제했다면 어떻게 해야 할까요? 이때는 '환불 신청'을 하면 됩니다. 이걸 의외로 모르는 사람들이 많더라고요. 환불은 48시간 안에 해야 합니다. 인앱 결제도 마찬가지예요.

환불하는 방법도 간단해요. 우선 PC에서 구글플레이(Google Play, https://play.google.com/store/games) 사이트에 접속하세요. 그런 다음 아래 그림처럼 오른쪽 위에 표시된 부분을 눌러 '주문 내역'으로 들어가세요. 여기에서는 여러분이 다운받은 앱들을 볼 수 있고, 결제한 지 48시간이 지나지 않은 앱들에 대해 환불 처리도 할 수 있습니다.

애플이나 아이패드를 사용할 때도 마찬가지예요. PC에서 인터넷 검색창에 '앱 환불 요청'이라고 검색을 하거나 https://reportaproblem. apple.com 사이트를 접속하세요(폰에서도 가능하지만 PC에서 하는 게 더 편

합니다). 그럼 위 그림과 같이 환불 요청을 할 수 있습니다. 앞으로는 실수해서 결제하더라도 당황하지 말고 취소 혹은 환불 신청해서 해결하세요.

QR코드가
뭐예요?

Q QR코드가 뭐예요? 왜 식당이나 도서관에 갈 때마다 QR코드
인증을 받아야 하죠?

A 우선 QR에 대해 알아볼게요. QR은 Quick Response에서 앞
글자를 딴, '빠른 응답'이란 뜻의 줄임말이에요. 예를 들어서
우리가 '응'이라고 하는 대신 'ㅇㅇ'이라고 줄여서 쓰죠? 스몸비가 '스마
트폰+좀비'를 의미하는 것처럼요. QR코드는 한마디로 정보를 담은 코

드입니다. QR코드 말고도 다양한 정보를 담은 코드가 있어요. 바로 바코드죠. 과자봉지나 우유 팩, 책 같은 상품 뒤쪽에 위 그림처럼 보이는 게 바로 바코드입니다.

바코드는 굵기가 다 다릅니다. 이걸 바코드 스캐너로 인식하면 어떤 과자인지. 얼마인지 등의 정보가 재해석되어 나타나죠. 마트에 있는 셀프 계산대를 가면 쉽게 볼 수 있어요. 마치 암호해독기 같이 생겼죠. QR 코드는 숫자는 7,089자, 문자는 4,296자를 담을 수 있답니다. 바코드와 다르게 색상도 넣을 수 있죠. QR코드를 인식하려면 바코드 스캐너처럼 QR 스캐너가 있어야 해요. 그렇지만 따로 구매할 필요는 없습니다. 우리가 가진 스마트폰으로 QR코드를 인식할 수 있기 때문이에요. 스마트폰 덕분에 QR코드가 더 많이 쓰이기 시작했습니다. 그런데 좀 신기하지 않나요? 마트의 셀프 계산대에서 바코드를 인식할 때에는 좍 펴서 찍지 않으면 인식시키기 어려운데 QR코드를 카메라로 인식할 때는 굉장히 빠르게, 다양한 각도에서 찍어도 인식이 잘 됩니다. 이건 사각형 QR 코드 안에 들어 있는 네모 표시 때문입니다. 이 세 개의 사각형이 카메라로 인식할 때 크기와 위치를 알려주죠.

그렇다면 QR코드는 어디서 쓰일 수 있을까요? 대표적으로 QR 인증이 있습니다. 코로나19 때문에 도서관이나 공공장소에 들어갈 때마다 'QR코드를 인증해주세요'라고 쓰여 있는 곳에서 QR코드를 인식해야 하죠.

네이버나 카카오에서 QR코드를 만들 수 있는데, 여기에는 개개인의 정보가 담겨 있어요. 그렇다면 누군가가 이 코드를 도용하면 안 되겠죠? 여러분은 집에 있는데 다른 사람이 여러분의 코드를 갖고 돌아다니면 안 될 테니까요. 그래서 이 코드들은 15초 정도 후에 다른 코드로 재발급됩니다.

QR 인증이 내가 가진 코드를 보여주는 거라면, 반대의 경우도 있어요. 우리가 가진 폰의 카메라를 실행해서 QR코드를 찍는 일인데요. 길을 걷다가 'QR 결제 가능합니다'라고 쓰여 있는 걸 보거나, 음식점에서 테이블 위에 QR코드가 놓여 있는 걸 본다면 자신의 스마트폰 카메라로 인식해보세요. 책에 들어 있는 QR코드도 카메라로 비추어보세요. 그럼 연결해놓은 사이트로 바로 이동하게 될 겁니다.

그렇다면 나만의 QR코드를 만들 수는 없을까요? 물론 가능합니다. 다양한 사이트가 있지만 대표적으로 네이버 QR코드를 써볼게요.

네이버 QR코드 사이트(qr.naver.com)에 들어가 자신의 계정으로 로그인해주세요.

'나만의 QR코드 만들기'를 클릭한 후 '코드제목'에 이름을 쓴 다음 '다음단계'를 누릅니다. '원하는 정보 담기'에서는 이미지나 동영상을 담을 수 있습니다. 하지만 여기서는 '링크로 바로 이동'을 누른 후 여러분의 블로그 주소나 좋아하는 유튜브 채널 주소를 입력해보세요.

그런 다음 '작성완료' 버튼을 누르면 여러분만의 QR코드가 만들어
집니다. 어렵지 않죠?

블루투스가
뭐예요?

Q 블루투스가 뭐예요? 와이파이와는 무슨 차이죠? 어떻게 기기
들끼리 연결되는 건가요?

A 블루투스는 영어로 하면 Bluetooth. 그러니까 '푸른 이빨'이란
뜻입니다. 갑자기 컴퓨터와 관련된 이야기에서 이빨이 나오니
까 좀 이상하죠? 아주 옛날 바이킹이 있던 시절에 북유럽을 통일한 왕이
있어요. 그 왕 이름이 '해럴드 블로탄'입니다. 블로탄을 영어식으로 읽으

면 블루투스가 되죠. 블루베리를 자주 먹어서 이빨이 파란색이 됐다고 해서 그렇게 불렸다고 해요. 블루투스 하면 생각나는 로고가 있죠?

위 로고는 해럴드 블루투스Harald Bluetooth에서 H와 B에 해당하는 룬 문자 *와 B를 결합해서 만든 거라고 합니다. 멋지죠? 왜 이런 이름을 컴퓨터 용어로 쓰게 된 걸까요? 같은 나라 사람들이 서로 이야기가 통하는 건 같은 말과 글자를 쓰기 때문입니다. 만약 서로 다른 말을 했다면 알아듣기 어렵고, 해석하는 시간도 오래 걸렸겠죠. 마찬가지예요. 우리 주변의 수많은 전자기기들이 서로 대화하는 시대가 됐습니다. 그렇다면 같은 언어를 쓸 필요가 있죠(스마트폰과 컴퓨터를 유선으로 연결하면 그 '선'을 통해서 대화가 오고 가기 때문에 크게 신경 쓸 필요가 없습니다). 지금도 우리 눈에는 보이지 않지만 수많은 신호들이 우리 주변을 오고 가고 있답니다. 이때 삼성과 LG 같은 회사들이 만든 기기에서 각각 자신들의 기계들만 알아들을 수 있는 신호를 주고받는다면 어떻게 될까요? 예를 들어 삼성 노트북과는 삼성 이어폰만 연결되고 다른 이어폰은 쓸 수 없게 되는 겁니다. 이렇게 되면 개개인들이 누리는 선택의 자유가 없어지게 되겠죠. 관련 산업에 있는 다른 회사들은 성장할 수 없게 될 거예요.

결국 독점기업이 생겨버릴 수 있죠.

그래서 '표준'을 정한 게 블루투스입니다. '자. 이제부터 우리는 하나의 언어로만 이야기하는 거야'라는 식으로 기준을 정한 겁니다. 노트북이나 스마트폰에서 블루투스를 켜면 근처에 있는 기기들이 자동으로 검색되죠. 그렇게 양쪽을 연결하면 그때부터는 키보드나 이어폰이 서로 대화를 시작하는 겁니다.

그럼 '와이파이'하고는 뭐가 다를까요? 와이파이는 부채꼴 로고로 되어 있죠. 정식 명칭은 Wireless Fidelity입니다. 이건 블루투스와 다르게 그냥 해석 그대로 '근거리 무선망(가까운 거리에서의 무선 연결)' 이라는 뜻으로 어떤 장소에 무선그물(망)이 펼쳐져 있는 걸 말하죠.

부모님과 식당이나 카페에 갔는데, 스마트폰의 인터넷 데이터가 부족하면 어떻게 하나요? 부모님한테 테더링을 켜달라고 하거나, 그 가게에 있는 와이파이 비밀번호를 알아내서 접속하죠? 이때 와이파이를 접속하지 블루투스로 접속하지는 않잖아요.

즉, 쉽게 말해서 블루투스는 기기들 간에 연결을 하는 것이고, 와이파이는 기기와 공유기를 연결하는 것이라고 생각하면 됩니다. 집에서 KT나 SKT, LG 등의 회사를 통해 인터넷 사용을 하게 되면 무선 공유기를 설치해주죠. 무선 공유기는 집 안에 와이파이 신호를 퍼트려요. 이걸 각각의 스마트폰, TV, 컴퓨터가 잡아서 인터넷을 사용할 수 있게 되는 겁니다. 예전에는 방마다 '랜선'을 컴퓨터에 연결해서 인터넷을 사용했었죠. 지금은 스마트폰, 노트북 같은 다양한 기기들을 무선으로 연결해서 쓰죠.

그런데 집 안에서도 인터넷이 잘 되는 데가 있고 그렇지 않은 데가 있죠? 좁은 길에 수많은 사람들이 한꺼번에 쏟아져서 돌아다닌다고 생각해보세요. 당연히 이동속도가 느려지겠죠. 이처럼 무선기기들의 연결이 많으면 많을수록 인터넷 속도도 느려지게 되는 거랍니다.

인터넷이 느린 또 다른 이유는 무선기기가 와이파이 신호가 닿지 않는 곳에 있어서예요. 이때는 '와이파이 익스텐더(확장기)'라는 신호를 강하게 만들어주는 기기를 설치해주면 됩니다.

정리해볼게요. 블루투스는 근거리(약 10미터)에 있는 기기들이 소통할 수 있도록 연결해주는 걸 말합니다. 한 번 연결되면 그다음에는 전원만 켜도 다시 연결되는 장점이 있죠. 또 다른 장점은 '저전력'이란 점입니다. 블루투스를 연결하는 데 전력이 많이 소모되지 않죠. 반면 와이파이는 중거리(약 100미터)에 있는 기기들이 인터넷에 연결할 수 있게 만들어주는 장치입니다. 전력 소모량이 많다는 단점이 있죠.

어찌 되었든 스마트폰의 배터리가 얼마 남지 않았다면 블루투스와 와이파이를 꺼두는 게 스마트폰을 더 오래 사용할 수 있는 방법이겠죠?

카카오톡은
다른 나라에서도
쓰나요?

Q 우리나라에서는 다 카카오톡을 쓰는데, 다른 나라 사람들은 어떤 메신저를 쓰나요?

A 카카오톡은 2010년 3월. 모바일 메신저 앱으로 시작한 서비스 입니다. 국내 작은 스타트업이 만든 앱이었는데 지금은 거의 모두가 사용하는 국민어플로 자리 잡았죠.

그렇다면 카톡 말고 다른 메신저 앱이 있을까요? 우리나라 사람들은 어떤 걸 쓸까요? 인메(인스타그램 메신저)나 페메(페이스북 메신저)를 생각할 수 있을 겁니다. 그런데 어른들의 생각은 달라요. 대부분 라인을 쓴다고 할 거예요. 라인은 네이버 재팬에서 만든 메신저라서 일본에서 많이 사용합니다. 국내에서도 쓸 수 있지만 사용자가 적죠. 2위 메신저는 순위가 항상 바뀌지만 요즘은 페이스북 메신저가 차지하고 있습니다.

이제 다른 나라로 가볼게요. 전 세계 사람들이 제일 많이 쓰는 메신저는 뭘까요? 일단 카카오톡은 아니겠죠. 그렇다면 페이스북 메신저일까요? 음, 중국을 생각해볼까요? 중국은 미국과 사이가 그렇게 좋지는 않아요. 그래서 중국에서는 페이스북이 안 될때가 많아요. 중국 사람들이 많이 쓰는 메신저는 위챗입니다.

위챗은 텐센트라는 회사가 만들었는데, 텐센트는 여러분이 잘 알고 있는 롤(리그 오브 레전드)을 만든 라이엇 게임즈나 브롤스타즈를 만든 슈퍼셀과 같은 게임 회사들을 인수한 큰 회사입니다. B.A.T라고 불리는 중국의 1세대 인터넷 대표 기업 중 하나예요(중국 1세대 대기업으로는 바이두, 알리바바, 텐센트가 있어요). 메신저 위챗으로 시작했고, 지금은 굉장히 큰 회사가 됐죠.

중국이 전 세계 인구수 1위니까, 그럼 전 세계에서 위챗을 가장 많이 사용하겠군요? 아닙니다. 전 세계 인구수 2위인 인도가 있죠. 인도는 중국과 인접해 있지만 사이가 좋지 않아요. 이렇다 보니 인도에서 위챗을 쓸 일이 없겠죠.

그럼 전 세계 1위 메신저는 뭘까요? 바로 왓츠앱WhatsApp입니다. 왓츠

간단하고 안전하며
믿을 수 있는 메시지

WhatsApp과 함께, 별도의 비용없이*, 전세계 어디에서
도 휴대전화를 이용하여 더욱 빠르고, 간편하고, 안전하게
메시지와 전화를 사용하세요.

*통신사 이용 요금이 부과될 수 있습니다. 자세한 내용은 통신사
에 문의하세요.

🤖 안드로이드 >

🍎 iPhone >

🖥 윈도우 PC 또는 Mac >

전 세계 1위 메신저 왓츠앱

출처: 왓츠앱 공식 사이트

앱, 처음 들어봤죠? 왓츠앱은 2009년에 카카오처럼 작았던 스타트업
이 만든 메신저입니다. 처음에는 0.99달러 유료 서비스였다가 2016년
부터 무료로 전환했어요. 무료 전환과 더불어 전 세계 사용자 수가 무려
15억 명까지 급증하게 되었죠. 2014년에 페이스북에서 200억 달러를
주고 인수했어요. 그리고 무료 서비스를 한 겁니다.

2위는 페이스북 메신저예요. 전 세계에서 페이스북을 하는 사람들이
모두 메신저를 사용한다고 가정하면 사용자 수가 자그마치 13억가량
됩니다. 역시 어마어마한 숫자죠. 1위와 2위 모두 페이스북이 차지하고
있기 때문에 모바일 메신저의 진정한 강자는 페이스북입니다(페이스북

은 2021년에 회사 이름을 '메타'로 변경했습니다).

그런데 왜 메신저가 중요한 걸까요? 이렇게 생각해보세요. 아무리 좋고 재미있는 앱이라 해도 하루에 수십 번씩 실행하게 만들 수는 없습니다. 메신저는 다르죠. 하루에 수백 번이라도 친구들과 주고받은 메시지를 확인하기 위해서 접속을 해야 합니다. 이를 통해서 기업은 수많은 다른 서비스들과 연결할 수 있게 되죠.

다른 사람에게 돈을 보내야 할 때도 메시지로 대화를 하다가 보내는 게 편합니다. 패스트푸드점이나 편의점에서는 할인행사나 이벤트를 카카오톡으로 알려주기도 하죠. 코로나19가 한창일 때 QR 인증 역시 카카오톡을 통해서 할 수 있었습니다.

이렇게 편리하게 사용하는 카카오톡이지만 장점만 있지는 않습니다. 단톡방을 만들어서 친구를 괴롭히는 일들도 종종 일어나고 있죠. 직접 얼굴을 보며 이야기할 때에는 다양한 표정과 몸짓을 보고 상대방의 기분을 확인하며 대화할 수 있는데, 스마트폰 화면만 보면서 대화하면 이런 부분들을 알 수가 없죠. 아무리 멋진 이모티콘으로 마음을 전하더라도 한계가 있기 마련입니다. 그러니 카카오톡 채팅방 너머에도 항상 다른 사람이 있다는 걸 잊어서는 안 되겠죠.

게임 데이터는
어디에
저장되나요?

Q 게임을 하다가 폰이 고장 나서 다른 폰으로 바꿨습니다. 이렇게 해도 게임 데이터가 저장되나요? 어디에 저장되는 건가요?

A 하나씩 생각해볼게요. 컴퓨터나 스마트폰에서 게임할 때 게임 데이터는 기기 안에 있는 저장 공간에 저장됩니다. 우리가 보통 64기가, 256기가라고 부르는 공간이죠. 예전에는 램과 롬으로 나누어 구분하기도 했었는데, 이제는 큰 의미가 없어졌어요.

게임 데이터의 저장은 딱 두 가지만 기억하면 됩니다. 폰 안에 저장되느냐, 바깥에 저장되느냐. 쉽죠? 스마트폰 안에 게임 데이터가 저장되면 인터넷 사용 없이 게임 플레이가 가능하기 때문에 속도가 빠르다는 장점이 있어요. 그런데 폰이 고장 나거나 폰을 잃어버리게 되면 기껏 열심히 키워놨던 캐릭터가 사라져버린다는 단점이 있죠.

그래서 게임 회사들은 게임 실행과 관련된 큰 데이터는 폰에, 세이브 데이터 등의 작은 데이터들은 '클라우드 서버'에 저장해두고 있습니다. 대표적으로 구글은 '구글 플레이 게임'에, 애플은 '게임센터'에서 게임 유저들의 데이터를 안전하게 저장해주고 있죠. 폰을 변경하더라도 아이디ID와 비밀번호PW를 분실하지 않는다면 언제든 다시 데이터를 불러와 게임을 이어서 할 수 있다는게 장점이죠. 단점은 뭘까요? 인터넷이 연결되어 있지 않으면 데이터를 불러올 수 없다는 겁니다.

하나 더 생각해야 할 게 있어요. 게임 데이터가 내 폰에 저장되는 게 아니라면 어디에 저장될까요? 바로 '데이터 센터'입니다. 내 폰에 데이터를 저장하는 게 아니라 남의 컴퓨터에 저장하게 됩니다. 어딘가에 저장은 해야 하니까요. 그렇다면 데이터 센터는 뭘까요? 수많은 컴퓨터들이 모여 있는 공간입니다. 컴퓨터들이 모두 전원코드에 연결되어야 하니 많은 양의 전기가 필요하겠죠. 게다가 24시간, 365일 동안 쉬지 않고 켜져 있어야 하니 여기에서 나오는 열기도 어마어마할 겁니다. 이걸 식히기 위한 냉각팬도 필요합니다. 이런 걸 생각하면 큰 공간이 필요하다는 걸 알 수 있습니다.

세계적인 기업인 아마존, 구글, MS는 물론 국내 기업 네이버 역시 수많은 데이터를 저장하기 위한 장소를 가지고 있죠. 이 공간들은 얼마나 클까요? 여러분이 가본 PC방 중에서 가장 큰 곳을 한번 생각해 보세요. 컴퓨터 100대가 있는 PC방? 200대가 있는 PC방? 이것보다 훨씬 큽니다.

네이버의 데이터 센터인 '각' 춘천은 춘천 구봉산 자락에 있는데요. 축구장의 약 일곱 배 크기입니다. 상상이 안 될 정도죠. 네이버보다 훨씬 큰 구글, 아마존, MS와 같은 기업들의 데이터 센터들은 이보다 훨씬 더 크겠죠.

그럼 작은 기업들에서 만든 게임들은 어디에 저장되는 걸까요? 각각의 게임 회사들이 직접 데이터 센터를 구축하려면 큰 비용이 듭니다. 그래서 대기업들이 만든 데이터 센터에 돈을 주고 빌려서 쓰게 되죠. 이걸 임대한다고 표현해요.

데이터 센터에는 게임 데이터만 저장되는 건 아닙니다. 수많은 사람

네이버의 데이터센터 '각' 춘천   출처: 네이버

들이 지금도 컴퓨터를 쓰고 스마트폰으로 무엇인가를 하는데, 그럼 계속해서 데이터가 생성되고 이걸 저장하기 위한 데이터 센터는 늘어날 수밖에 없죠. 많은 전기를 써야 하기 때문에 데이터 센터가 늘어나는 건 친환경적이지 않다는 문제도 있어요.

마이크로소프트는 재미난 실험을 했습니다. 2018년부터 2020년까지 2년 동안 바다에 데이터 센터를 구축했죠. 865대의 서버를 넣은 원통을 바다에 넣어 별다른 냉각기 없이도 바닷물로 열을 식힐 수 있게 했어요. 전기는 어떻게 공급했을까요? 조력과 파력이란 친환경 에너지로 가능하게 했습니다. 일부 고장이 나긴 했지만, 고장 난 정도도 8분의 1 수준에 불과했다고 하네요. 쌓이는 데이터가 많아지면 많아질수록 이런 친환경적인 실험은 더 많아질 겁니다.

스마트폰은 왜
삼성폰과 아이폰밖에
없나요?

Q 주변 사람들을 보면 다 삼성폰과 아이폰입니다. 다른 스마트폰
은 없나요?

A 우리나라에서는 아무래도 아이폰 아니면 삼성폰을 제일 많이
쓰기에 그런 생각을 하는 것 같습니다. 다른 스마트폰 회사도
많아요. 우선 제조사와 OS를 알아볼게요.

음, 이렇게 생각해볼게요. 컴퓨터를 켜면 윈도우가 설치되어 있죠?

LG나 삼성, MS 등 어떤 회사의 컴퓨터를 구매해도, 혹은 이것저것 부품들이 조립된 조립 컴퓨터를 사도 똑같아요. 본체가 무엇이든 그 안에서 시스템을 실행시키는 건 윈도우죠. 윈도우는 마이크로소프트가 만든 운영 체제이고요. 이런 시스템을 Operating System, 줄여서 OS라고 합니다.

폰도 마찬가지예요. 스마트폰이라는 기계는 다 다른 회사에서 만들지만 운영 시스템은 두 개만 있죠. 애플의 아이폰이나 아이패드는 iOS라는 시스템을 쓰고, 갤럭시폰과 갤럭시 태블릿은 안드로이드 시스템을 씁니다. 안드로이드를 만든 건 세계적인 검색 회사 구글이에요. 이 구글의 안드로이드를 사용해서 다양한 회사들이 스마트폰을 만들고 있죠. 국내에선 삼성과 LG(2021년에는 모바일 사업을 중단했어요)가 있고, 해외에서는 소니, 화웨이, 샤오미 등 다양한 회사들이 스마트폰 운영 체제를 안드로이드로 선택했죠. 그러니 "스마트폰은 왜 삼성폰과 아이폰밖에 없나요?"라는 질문보다는 "왜 안드로이드와 iOS밖에 없나요?"가 더 맞는 표현입니다.

다시 컴퓨터로 가볼게요. 마이크로소프트가 맨 처음 막 새로 생겨난 기업이었을 때 당시 컴퓨터계의 대기업은 IBM이었어요. 그런데 또 다른 아주 작은 회사가 성공을 거듭하고 있었죠. 바로 애플이었습니다. IBM이 대기업들을 대상으로 한 컴퓨터를 만들었을 때. 애플은 개인들을 대상으로 한 컴퓨터부터 관심을 가지기 시작했죠.

IBM은 데스크톱 시장에 빠르게 뛰어들기 위해 핵심이 되는 '칩'은 인텔에서, 운영 체제os는 마이크로소프트에서 받기로 결정을 내렸어요. 운영 체제보다도 컴퓨터에서는 본체가 더 중요하다고 생각했던 거죠. 하지만 실수였어요. OS가 더 중요했으니까요.

마이크로소프트는 MS-DOS에서 윈도우까지 성공을 거듭했습니다. 물론 윈도우 말고도 운영 시스템은 있어요. 바로 애플 맥북에 들어 있는 macOS죠(누구나 참여해서 시스템을 성장시킬 수 있는 리눅스라는 것도 있지만. 이건 규모가 작으니 이번 이야기에서는 빼도록 할게요). 컴퓨터 시장의 운영 체계는 결국 윈도우, 맥os 이 둘이 장악했습니다.

스마트폰이라는 새로운 디바이스가 등장하고, 새로운 시장이 열렸을 때 많은 기업들은 고민에 빠졌어요. 자칫 잘못하다가는 윈도우와 맥만 컴퓨터 시장에 남은 것처럼 두 회사에 종속될 수 있다는 두려움 때문이었죠. 그래서 처음에는 자체 개발한 OS들이 많았습니다. 마이크로소프트가 이 시장에 빠르게 접근한 건 당연한 일이겠죠? 마이크로소프트는 윈도우 모바일이란 OS를 만들었어요.

이에 두려움을 느낀 회사들이 하나가 되어 뭉쳤습니다. 노키아, 소니, 에릭슨, 지멘스, 모토로라와 우리나라의 삼성전자가 함께 힘을 모아(이렇게 모이는 걸 컨소시엄이라 하죠) 1998년에 심비안이란 이름의 OS를 만들었어요.

한때 미국 오바마 전 대통령이 손에서 놓지 않았다고 해서 '오바마폰'이라는 별명이 붙었던 블랙베리란 폰이 있었습니다. 화면 밑에 키보드가 달려 있어서, 디자인도 특이했고 재미도 있었죠. 블랙베리에는 '블랙베리'라는 자체 OS가 쓰였어요.

자, 시간이 흘러 드디어 애플에서 iOS라는 이름의 애플 전용 OS를

블루베리 스마트폰
출처: 11번가

만듭니다(2007년 처음 아이폰이 출시될 때에는 '아이폰 OS'라는 이름이었다가 2010년 아이폰4 출시 후부터 iOS라는 이름을 정식으로 쓰기 시작했죠). 마지막으로 구글에서 2008년에 안드로이드 OS를 출시합니다. 삼성 역시 바다 OS와 타이젠 OS를 출시했고 이에 맞춘 기기들도 출시했죠.

두 가지를 생각해볼게요.

첫째, 왜 기업들은 자체 OS를 만들려고 했던 걸까요?

둘째, 왜 지금은 안드로이드 아니면 iOS만 쓰이게 된 걸까요?

자체 OS를 만들어내는 이유는 간단합니다. 생각해보세요. 로봇을 만든다고 가정했을 때 처음부터 하나의 몸에 하나의 두뇌를 붙이는 게 좋을까요, 아니면 두뇌는 하나인데 이 두뇌에 맞는 몸을 그때그때 만들어서 붙이는 게 더 좋을까요? 당연히 처음부터 하나인 게 좋습니다. 왜

냐하면 혹시라도 이상이 있거나 기능이 추가되어서 업그레이드를 해줘야 할 때, 두뇌와 몸이 따로라면 두뇌의 업그레이드에 맞추어 몸을 하나하나 다시 조율하고 맞춰야 하기 때문이죠.

2021년 OS 점유율을 보면 안드로이드가 72.19%이고 iOS는 26.99% 가량 됩니다. 윈도우폰도 아직 있기는 하지만 점유율은 0.02%밖에 되지 않습니다. 왜 안드로이드와 iOS만 쓰게 된 걸까요?

iOS가 살아남은 건 애플이기 때문이죠. 애플은 처음부터 다른 회사의 운영 체제를 쓸 생각이 없었습니다. 맥북 OS도 직접 설계하는데 스마트폰과 태블릿에 다른 회사 시스템을 쓰게 되면 애플이 원하는 폰, 태블릿, MAC의 깔끔한 연결이 불가능해지기 때문이죠. 애플은 처음부터 모든 기기들이 원활하게 하나처럼 움직이는 걸 꿈꿨어요.

구글의 전략은 하나였습니다. 모바일 OS 시장을 장악하는 것이죠. 애플의 아이폰처럼 아예 구글폰을 만들어서 시장에서 경쟁을 해도 좋았을 텐데 그건 구글이 원하는 바가 아니었죠. 그래서 구글은 안드로이드 OS를 무료로 풀어버립니다.

어떤 스마트폰 제조사라 해도 안드로이드 OS를 무료로 가져다가 핵심 기능만 건드리지 않는다면 얼마든지 자신들이 원하는 기능을 덧씌워서 폰을 개발할 수 있었어요. 그래서 삼성폰이나 엘지폰, 샤오미폰 모두 제조사는 다르지만 핵심 OS로 안드로이드를 쓰는 거죠.

복잡하지만 하나만 더 정리해볼게요. 세계적인 인터넷 전자상거래 기업인 아마존 역시 아마존 파이어라는 이름의 태블릿을 만들고 있습니다. 그런데 이 태블릿은 '파이어 OS'를 쓰고 있어요. 이건 어떻게 된 걸까요? 아마존 파이어 역시 구글이 오픈 소스로 제공한 '안드로이드 오픈 소스 프로젝트Android Open Source Project, AOSP'를 바탕으로 새롭게 파이어 OS를 만든 겁니다. 중국 회사들도 이런 식으로 자체 OS를 만들고 있어요.

스마트폰 초기에 아이폰은 애플에서 만들었으니 새로운 기능이 업데이트되어도 무리없이 잘 적용되었습니다. 하지만 안드로이드는 달랐어요. 안드로이드 OS가 업데이트되면 그 OS를 바탕으로 만든 제조사들의 스마트폰은 하나하나 새로운 OS에 맞추어 다시 설계를 해야 하니 골치가 아팠습니다. 이걸 최적화라고 하는데 잘 이루어지지 않았죠.

지금은 달라졌어요. iOS나 안드로이드나 10년이 넘는 시간 동안 경쟁하며 발전하다 보니 대부분의 편리한 기능(위젯, 알림 서비스 등)이 동일하게 쓰이게 되었죠.

스마트폰뿐만 아니라 TV에서 자율주행차에 이르기까지 모든 곳에 OS가 필요합니다. 앞으로 누가 승자가 될지 우리 함께 지켜봐요.

삼성페이가
뭐예요?

 삼성페이가 뭐예요? 왜 아이폰에서는 못 쓰나요?

A 삼성페이 같은 결제 방식을 '간편결제'라 합니다. 아이폰에는 애플페이가 있고, 안드로이드폰에도 구글페이라는 서비스가 있어요. 네이버가 만든 네이버페이, 카카오가 만든 카카오페이 모두 비슷한 간편결제 서비스죠.

그럼 삼성페이는 뭘까요? 맞아요. 삼성전자에서 만든 서비스예요. 그래서 삼성 갤럭시 폰에만 탑재되어 있고 다른 폰에서는 사용할 수 없죠.

이제 오프라인 결제에 대해서 좀 알아볼게요. 편의점이나 식당에서 결제를 할 때 보통 카드나 현금을 많이 쓰죠. 현금을 가지고 다니는 불편함을 해소한 게 카드예요. 이제는 스마트폰 하나만 들고 다니는 일이 많아졌어요. 스마트폰 지갑형 케이스가 많아진 이유죠. 지갑보다 스마트폰이 필수품이 되었기 때문이에요.

바로 이 부분, 사람들이 스마트폰과 카드만 가지고 다닌다는 것에 집중한 회사들이 만들어낸 게 간편 오프라인 결제 시스템이에요. 언제든지 결제기에 스마트폰만 가져다 대면 결제가 될 수 있게 했죠.

결제는 어떤 방식으로 될까요? 지하철이나 버스를 탈 때 교통카드를 이용하죠. 교통카드를 인식기에 갖다 대면 결제가 돼요. 이걸 근거리 통신NFC이라고 이야기합니다. 스마트폰에도 이 NFC 기능이 탑재가 되면서 간편결제가 가능하게 된 거죠.

그런데 처음에는 문제가 좀 있었어요. 2015년만 해도 카드 결제를 할 때에는 카드에 있는 마그네틱 부분을 '긁어서' 결제했죠. 이렇게 긁으면 자기장이 생기는데 그 정보를 카드 인식기가 읽어서 정보를 처리하는 방식이었어요. 쉽게 말해서 카드를 긁었다는 것만 기억하면 됩니다. 마그네틱 방식은 문제가 있었던 게, 이렇게 생성된 자기장을 복제하는 게 쉬웠다는 겁니다. 그래서 종종 뉴스에서 누군가의 카드가 결제기가 아닌 복제기에 긁혀서 복제당하는 사건들이 보도되기도 했어요.

지금은 마그네틱 방식은 더 이상 사용되지 않아요. 대신 카드 앞부분에 있는 IC 칩을 꽂아서 결제하는 방식으로 바뀌었죠. 그래서 요즘 매장이나 식당에서 카드로 결제할 때 "카드는 앞쪽에 꽂아주세요"라고 이야기하는 겁니다.

다시 2015년으로 돌아가볼게요. 카드를 긁어서 결제하는 방식인 단말기들이 여러 가게에서 쓰였어요. 이걸 한꺼번에 IC 칩 결제 방식으로 교체하는 데는 시간이 걸릴 수밖에 없었죠. 그래서 정부에서는 몇 년간 가게들이 단말기를 스스로 교체할 수 있도록 시간을 주었고, 그동안 모든 단말기들이 IC 칩으로 결제되는 단말기로 교체되었답니다.

스마트폰은 NFC로 결제한다고 했죠? NFC로 결제를 하기 위해서는 가게들마다 NFC를 인식할 수 있는 단말기가 또 있어야 해요. 처음부터 IC 칩 결제가 가능한 단말기를 배포할 때 NFC 기능도 지원해줬으면 이런 일이 없었을 텐데 그때는 생각하지 못했던 거죠. 그래서 스마트폰을 갖다 대면서 결제하는 것은 실현되기 어려웠습니다.

삼성전자는 이 부분에 주목했어요. 스마트폰에서 자기장을 발생시켜 결제를 할 수 있는 기술을 가진 미국의 루프페이라는 회사를 인수했고, 여기에 보안 기술을 접목시켜서 삼성페이를 만들어냈죠. 그래서 갤럭시폰을 사용하는 사람들은 삼성페이 앱을 실행한 후 폰 뒷면을 결제기에 갖다 대기만 하면 결제가 되는 겁니다.

지금은 마그네틱 방식이 쓰이지 않는다고 했죠? 삼성페이는 이 부분을 '보안 기술'을 강화하는 것으로 보완했어요. 한마디로 복제가 쉽게 되지 않게 만든 겁니다. NFC 결제 방식도 함께 적용돼서 지하철이나 버스를 탈 때도 삼성페이로 결제가 되죠.

그렇다면 애플페이나 구글페이는 삼성페이에 비해서 뒤쳐져 있는 기

카카오페이

술이라 국내에서는 사용할 수 없는 걸까요? 그건 아닙니다. 둘 다 NFC 방식으로 결제가 되기 때문에 지금이라도 NFC를 지원하는 단말기가 있다면 사용할 수 있습니다. 그런데 이를 이해하기 위해서는 결제 방식을 이해할 필요가 있어요.

삼성페이로 결제를 한다고 해서 삼성페이에서 돈이 빠져나가는 게 아닙니다. 삼성페이와 연결되어 있는 카드사나 은행에서도 돈이 빠져나가게 되어 있죠. 애플페이나 구글페이가 국내에서 사용되기 위해서는 카드사들하고 계약을 해야 하는데 수수료 문제가 있다 보니 아직 국내에서는 사용할 수 없습니다.

네이버페이나 카카오페이 같은 경우에는 자기장 방식이 아니라 앱을 실행하면 별도로 인식할 수 있는 '바코드'가 나타나죠. 이걸 결제하는 가게에서 인식기로 찍어서 결제하기 때문에 마그네틱과는 관계없이 사용할 수 있는 겁니다.

왜 마스크를 쓰면
얼굴인식이
안 되나요?

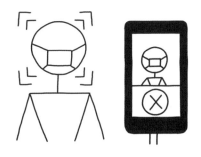

Q 왜 마스크를 쓰면 얼굴인식이 안 되나요? 눈동자만으로는 잠금
해제 할 수 없나요?

A 이 질문에 답하기 위해서는 '얼굴인식'에 대해서 먼저 알아야
할 것 같아요. 얼굴인식 기능은 얼굴만 보고 누구인지를 알아
내는 기술이죠. 한 반에 있는 친구들을 사진만 보고 이름을 맞추는 것
과 같습니다.

그런데 누가 얼굴을 보고 맞추는 걸까요? 바로 인공지능이에요. 인공지능이 얼굴을 '보기' 위해서는 사람의 눈에 해당하는 카메라가 필요하죠. 카메라는 사람의 얼굴을 깨끗하게 찍을 수 있어야 합니다. 스마트폰 화면 위쪽에 전면 카메라가 달려 있죠. 어느 특정 장소에 들어갈 때 얼굴을 카메라에 비추면 체온 측정이 자동으로 되기도 하죠? 이것도 일종의 얼굴인식 기술이라고 할 수 있어요.

체온 측정은 얼굴을 인식해서 체온만 측정해주면 되지만 누가 누구인지를 파악하는 건 좀 더 까다로워요. 카메라로 찍었다면 이제 기존 데이터와 비교를 해야죠. 여러분이 '이 친구가 누구였는지'를 생각해내기 위해서는 미리 그 친구에 대한 정부를 머리로 '기억'하고 있어야 해요. 인공지능 역시 마찬가지입니다. 사전에 그 사람에 대한 정보가 저장되어 있어야 카메라로 인식할 때 누구인지를 빠르게 찾아낼 수 있는 거죠.

그럼 두 가지를 알았어요. 인공지능이 누가 누구인지를 파악하기 위해서는 카메라가 필요하다는 것과 미리 인공지능에게 누구인지에 대한 정보를 등록해야 한다는 것. 그럼 인공지능에게 전 세계 사람들의 얼굴 정보를 입력해놓으면 어떻게 될까요?

장점부터 생각해볼게요. 해외여행을 갈 때 우리는 여권을 가지고 가죠. 여권 속 사진이 우리가 누구인지를 증명해주기 때문인데요. 모든 정보가 인공지능에 등록되어 있다면 여권은 필요 없게 됩니다. 국내에서도 마찬가지죠. 특정 장소에 갈 때 입구에서 카메라만 쳐다보면 그 사람이 누구인지 알게 되니까요. 은행 업무를 보거나 대학교에 원서를 내러 갈 때에도 신원 정보를 확인하는 일은 필요 없게 됩니다.

물건이나 음식을 살 때도 마찬가지예요. 신용카드나 체크카드를 들고 다닐 필요 없이 계산대의 카메라를 쳐다보기만 하면 그 사람의 정보를 알 수 있게 되니 결제도 쉽고 빨라집니다. 범죄 예방에도 효과적이에요. 인공지능에 한 번 등록된 범죄자들의 경우 어디에서나 카메라만 있다면 그 사람이 누구인지 알 수 있으니 범죄자를 잡거나 범죄를 예방하는 데에도 도움이 되겠죠.

이렇게 편리한 얼굴인식 기술. 단점은 없을까요? 여러분이 여기까지 읽으면서 '글쎄, 이건 좀 아닌데?'라는 생각이 들었다면 맞습니다. 여러분이 학교에 갈 때 카메라를 쳐다보면서 교문을 통과해 들어간다고 생각해보세요. 학원도 마찬가지예요. 어디서 무얼 하는지 부모님이 모두 알게 됩니다. 저학년이라면 보호 차원에서 그럴 수 있겠지만 고학년이라면 신경 쓰이는 일이겠죠. 대학교라면 어떨까요? 대학교에서는 대리 출석이 불가능해지죠. 어른들도 회사에서 교육을 받아야 할 때가 있는데 지각이나 조퇴는 꿈도 못 꿀 거예요.

조금 더 크게 볼까요? 여러분이 어디서 무엇을 하는지 정부기관에서 마음만 먹는다면 버튼 한 번만 누르면 훤히 알 수 있게 되겠죠. 어떻게 이런 일들이 가능할까요? 모든 곳에 카메라가 있는 건 아닐 텐데요. 아니요. 이미 모든 곳에 카메라가 있습니다. 베이징에는 15만 대, 런던에는 62만 대, 서울에는 4만 대의 CCTV가 있죠. 교통사고가 나거나 범죄가 일어날 때 확인해주는, 없어서는 안 되는 카메라인 CCTV가 열걸음마다 한 대가 있을 정도입니다. 여기에 얼굴인식 기술과 인공지능이 접목되면 조지 오웰의 《1984》 책에서처럼 모든 사람을 감시하는 절대 정부 '빅브라더'가 나타나게 됩니다. 그래서 얼굴인식 기술은 조심스럽게 사용해야 하는 기술이라 이야기하는 거죠.

그런데 굳이 자신의 얼굴을 정부기관이나 회사에 제공해야 할 필요가 있을까요? 물론 이렇게 감시당하면서 살 필요가 없죠. 2017년에 출시된 애플의 아이폰이 이 생각을 바꾸었습니다. 처음으로 스마트폰에 얼굴인식 기능이 들어간 거죠. 이때부터 스마트폰을 켤 때 '밀어서 잠금해제'나 '패턴으로 잠금해제'를 할 필요 없이 카메라를 쳐다보면 잠금이 해제됐어요. 이런 편리함 속에서 점점 얼굴 정보를 등록한다는 거부감이 사라지게 된 겁니다. 이 개인 정보가 남용되어 쓰이면 안 되기 때문에 애플과 같은 IT 회사들의 책임은 더 커졌죠.

이제 마스크 이야기로 돌아가보죠. 마스크를 쓰면 얼굴인식이 안 되는 건 당연한 일이었습니다. 마스크를 쓰면 컴퓨터가 카메라로 인식할 수 있는 정보의 양이 절대적으로 부족해지기 때문이죠. 그런데 이것도 달라졌습니다. 바로 코로나19 때문인데요. 얼굴인식에서 가장 앞서 있는 회사 중 하나는 중국의 센스타임입니다. 센스타임은 인공지능을 훈련시켜 눈과 코 근처 즉, 마스크로 가려지지 않은 얼굴의 나머지 정보만으로도 누가 누구인지를 확인할 수 있게 했습니다. 우리나라에서도 LG 사이언스 파크 출입 게이트와 같은 곳에서 일부 쓰이고 있고, 중국에서는 일부 지하철역에서 '스마트 승객 서비스 플랫폼'이란 이름으로 마스크를 쓴 채 지나가면 자동으로 얼굴 인식도 되고 결제도 되는 시스템이 작동하고 있죠.

끝으로 우리가 함께 고민해야 할 부분이 있어요. 예전에 이런 일이 있었죠. 집에서 식사를 하고 있는데 갑자기 경찰이 들어와서 아버지를 잡아갔어요. 범죄자라 착각해서요. 이 일은 실제 미국에서 있던 일입니다. 이후 구글이나 MS, 아마존과 같은 회사들은 얼굴인식과 관련된 법이 제대로 마련되기 전까지는 정부에 기술을 판매하지 않겠다고 선언했죠.

어떤가요? 편리함과 개인 정보의 보호. 이 둘의 적정한 균형을 유지하는 건 예전보다 더 많이 고민해야 할 때가 되었습니다.

왜 접이식(폴더블)폰은
삼성밖에
없나요?

 삼성 말고 다른 회사들은 접이식(폴더플)폰을 못 만드나요?

그 질문에 앞서서 '왜 스마트폰은 막대기 형태인가?'에 대해서
먼저 답을 해야 할 것 같아요. 손안의 전화기는 영어로는 셀폰
cell phone, 우리나라에서는 핸드폰이라고 했죠. 콩글리시긴 하지만 그래도
가장 많이 쓰는 표현이었어요(북한에서는 아직도 손전화라는 표현을 씁니
다). 이때의 전화기들은 접었다 펼치는 폴더폰이었죠. 오히려 막대기 형

태의 전화기는 어색했습니다.

당시 핸드폰에는 '키패드'라고 불리는 커다란 다이얼이 달린 아날로그 번호판이 있어야 했어요. 스마트폰의 시대가 되면서 액정이 커지고, 액정 안에 번호 표시는 물론 키보드를 띄울 수 있게 되자 오늘날의 스마트폰 형태로 변하게 됐습니다. 점점 커진 스마트폰은 액정과 본체와의 지지대가 보이지 않을 정도로 줄어들었어요. 이 지지대 부분을 '베젤'이라고 하며 베젤이 잘 보이지 않는 걸 '베젤리스'라 하죠.

스마트폰 액정의 크기는 태블릿 액정의 수준을 넘어서기 시작했어요. 예전에는 7인치 태블릿이 있었는데 이제 6.7인치대의 스마트폰들이 등장하면서 지금은 8인치부터를 태블릿이라 부릅니다.

평소 스마트폰이나 태블릿을 계속 들고 다니니 아무래도 무거울 수밖에 없겠죠. 이왕이면 하나의 디바이스를 들고 다니면 좋겠다는 생각에, 이를 해결하기 위한 아이디어들이 나오기 시작했어요. 그러면서 평소에는 접어서 가지고 다니다가 필요할 때 펼쳐서 사용하는 폴더블폰이 등장하게 된 겁니다.

자, 이제 처음 질문으로 돌아가 볼게요. 왜 폴더블폰은 삼성밖에 없을까요? 사실 우리나라에서만 삼성 폴더블폰이 보이는 거지 해외로 나가면 이미 여러 대의 폴더블폰이 있습니다. 일단 액정을 접는 방식은 두 가지로 나눌 수 있는데요. 갤럭시 폴드나 플립은 액정을 가운데에 놓고 접죠. 펼치면 액정이 나타나요. 마치 지갑처럼 말이죠. 이런 방식을 '인폴딩'이라 부릅니다. 반면에 처음부터 펼쳐두었다가 접으면 액정이 바깥쪽으로 착 접히는 형태가 있어요. 이런 방식을 '아웃폴딩'이라 부르죠.

갤럭시 Z폴드

출처: 삼성전자 홈페이지

어느 하나가 우수한 기술이라고 하기에는 애매할 정도로 둘 다 장점과 단점을 가지고 있습니다. 인폴딩의 대표적인 스마트폰은 갤럭시 Z 폴드와 플립 시리즈이에요. 아웃폴딩의 대표적인 스마트폰은 중국 화웨이의 메이트 X이고요.

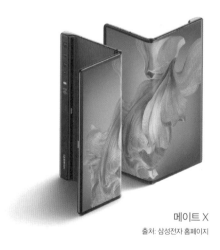

메이트 X

출처: 삼성전자 홈페이지

인폴딩 방식의 장점은 가장 큰 화면이 안으로 접히기 때문에 외부 충격에서 보호된다는 점입니다. 반면 단점은 한 번 접고 나서 하나의 바깥면에도 디스플레이가 있어야 한다는 점입니다. 그렇지 않으면 매번 스마트폰 화면을 펼쳐야 하죠.

아웃폴딩 방식의 장점은 펼쳐져 있던 폰을 접어서 가지고 다니는 방식이기에 별도의 디스플레이를 두지 않아도 된다는 점입니다. 그만큼 비용절감이 돼요. 반면 단점은 외부 충격에 쉽게 깨진다는 점이죠. 여기에 보호 필름을 붙이거나 케이스를 씌운다고 생각해보세요. 이런 케이스를 만드는 것도 어렵겠죠.

폴더블폰을 만드는 건 왜 어려울까요? 그건 바로 스마트폰의 단단한 액정을 구부려야 하기 때문입니다. 스마트폰 액정은 구부리는 순간 깨지게 되죠. 구부러지는 유리를 만든다? 그것도 한 번만 구부러지는 게 아니라 계속해서 접었다가 펼칠 수 있는 액정을 만들어야 하기 때문에 어려운 일이죠.

물론 더 쉬운 방법이 있어요. 구부릴 필요 없이 필요할 때 액정 두 개가 펼쳐지게 하면 되는 거예요. 여기에 관심을 두고 제작된 폴더블폰이 있습니다. 바로 마이크로소프트의 '서피스 듀오'죠. 두 대의 액정을 연결하는 경첩이 있는 건 좀 아쉽지만 그래도 꽤 좋은 시도였습니다.

반면 삼성전자는 독자적인 기술 개발을 통해 결국 갤럭시 폴드3에 방수 기능과 펜 사용 기능까지 추가하는 데 성공했습니다. 화웨이는 아웃폴딩을 포기하고 갤럭시 폴드처럼 인폴딩을 택했죠. 폴더블폰의 남은 숙제는 비용을 줄이는 일입니다. 폴더블폰의 액정 가격이 워낙 비

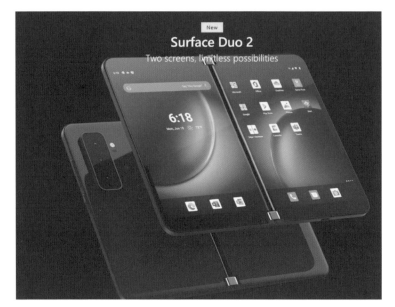

서피스 듀오 2   출처: MS 홈페이지

싸다 보니 스마트폰의 가격도 비쌀 수밖에 없죠. 현재 200만 원이 넘는
금액이 100만 원대 초반으로 떨어져야 많은 사람이 사용할 수 있을 거
예요.

스마트워치만으로도
전화 통화가
가능한가요?

Q 스마트폰과 함께 스마트워치도 요즘 많이 하고 다니던데. 스마트워치만 있어도 전화 통화가 가능한가요?

A 스마트폰이 진화하는 것처럼 스마트워치도 진화하고 있습니다. 어른들이 보기엔 스마트워치로 전화를 걸거나 받으면 신기한 일인데. 사실 초등학생들한테는 이미 익숙한 기능이에요.

바로 키즈폰 때문이죠. 전화기를 별도로 가지고 다니지 않아도 언제

KT 무민 키즈폰   출처: 11번가

든지 손목 위의 시계로 통화를 할 수 있어요. 가장 큰 장점인 반면 단점 이기도 합니다. 왜냐하면 스마트폰에서 할 수 있는 일들에 비해 키즈폰 은 할 수 있는 게 너무 적기 때문이죠. 크기가 작다는 건 그만큼 배터리 도 적게 들어간다는 얘기예요. 만약 키즈폰에서 게임을 한다면 아마 몇 시간 지나지 않아서 배터리가 꺼지게 될 거예요.

스마트워치는 좀 다르죠. 평소 사람들은 스마트워치 하나만 가지고 다니기보다 스마트폰과 함께 가지고 다니는 일이 더 많아요. 스마트워 치로 할 수 있는 일들을 생각해볼게요. 카카오톡, 인스타그램 등 다양 한 앱들을 통해 전달되는 메시지를 읽을 수 있고, 답장을 보낼 수 있죠. 항상 손목에 착용하다 보니까 앞뒤로 움직일 때를 인식해서 걸음걸이 측정도 가능하고, 손목에 차고 잠을 자면 밤사이 얼마나 깊이 잠들었는 지 측정도 할 수 있습니다.

그래서 나이키나 아디다스와 같은 회사들은 '러닝 앱'을 만들어서 운동을 할 때 앱을 실행해서 운동량을 측정하거나, 달린 거리를 기록해서 다른 사람들과 비교하는 게임 기능을 넣기도 한답니다.

그렇다면 전화 기능은 어떨까요? 초기에 나왔던 스마트워치들도 전화는 가능했어요. 다만 스마트폰이 근처에 있을 때만 스마트폰을 대신해서 전화를 할 수 있었죠. 그렇다면 스마트워치에 전화 기능은 원래 있던 것 아니냐고 물을 수 있는데 요새 출시되는 '전화가 가능한 스마트워치'와는 용도가 좀 다르죠.

가장 다른 건 폰이 없어도 스마트워치만으로 전화를 받을 수 있고, 걸 수도 있다는 겁니다. 앞에서 키즈폰을 이야기했듯 전화가 가능한 스마트워치에는 별도로 전화번호가 할당되어 있어요. 폰과는 다른 번호죠. 한마디로 두 대의 스마트폰을 하나는 손목에 차고, 다른 하나는 주머니에 넣고 다닌다고 생각하면 됩니다. 다만 '착신 설정'을 해서 스마트폰에 전화가 오면 스마트워치로 연결해서 받도록 이 둘을 연결시키는 거죠. 이렇게만 보면 전화받는 것 외에는 장점이 없어 보이네요? 아닙니다. 인터넷도 별도로 사용할 수 있습니다. 그래서 스마트폰을 집에 두고도 밖에서 스마트워치와 블루투스 이어폰만 연결해서 음악을 들을 수 있고, 다양한 앱을 스마트워치에 다운로드할 수도 있죠.

아쉽게도 이 부분을 빼고는 아직 큰 장점이 없어요. 셀룰러(전화)가 가능한 모델과 아닌 모델의 차이가 10만 원 정도이니, 스마트폰을 항상 가지고 다니는 사람들이라면 굳이 셀룰러 버전을 선택할 필요가 없죠.

페이스북, 인스타그램, 유튜브는
왜
무료인가요?

 페이스북, 인스타그램, 유튜브는 왜 무료인가요? 이 회사들은
어떻게 돈을 버나요?

A 페이스북, 인스타그램, 유튜브와 같은 서비스들을 SNS 서비
스라고 하죠. 그런데 SNS 서비스라는 말은 좀 틀린 말이에요.
SNS는 소셜 네트워크 서비스_{Social Network Service}의 줄임말이기 때문에 이미
이 말에 '서비스'라는 말이 들어가 있죠.

소셜 네트워크는 여러분의 친구들과 디지털 세상 속에서 친구 관계를 이어가는 서비스를 말해요. 그래서 페이스북의 경우 창업자 마크 저커버그가 자신이 다니던 하버드대학교 내에서 친구들과 소통하는 작은 공간으로 서비스를 시작했죠. 생각보다 많은 친구들이 서비스를 이용하게 되다 보니 옆에 있는 다른 대학교까지 퍼져 나갔고, 이제는 전 세계 사람들이 쓰는 서비스가 되었죠. 이렇게 되다 보니 이제는 얼굴도 모르는 수많은 페이스북 세상 속 사람들과 '친구 추가'를 통해 '페친'이 되는 일까지 생기게 됐습니다. 참 신기한 일이죠.

페이스북에 여러분이 "나 오늘 여기서 점심 먹었어"라는 글과 함께 맛있게 먹은 음식 사진을 올리면 여러분의 친구들뿐만 아니라 여러분이 모르는 수많은 사람들이 그 사진을 보게 되는 겁니다. "오늘은 좀 슬픈 날이야"라고 여러분의 감정을 글로 올리면 역시 수많은 사람들이 그 감정을 읽게 되죠. 1998년에 나온 〈트루먼 쇼〉라는 영화 본 적 있나요? 트루먼이 탄생하던 순간부터 성인이 된 순간까지 모든 순간들을 카메라가 실시간으로 촬영해 전 세계 사람들에게 하나의 쇼로 공개하는 내용의 영화예요. 사생활 보호에 대한 이야기를 다룬 건데요. 이렇게 중요한 사생활을 우린 왜 다른 사람들에게 공개하고 있는 걸까요? 여기에 대해서는 뒤에서 더 이야기할게요. 이런 종류의 서비스들이 많아질수록 여러분이 정말 조심해야 하는 일들이 있으니까요.

다시 돌아가서 페이스북과 비슷한 서비스로 트위터가 있습니다. 트위터는 처음엔 140자 글자 입력 제한이 있던 서비스였습니다. 친구들끼리 혹은 불특정 다수에게 140자 이내의 메시지를 전하는 서비스였죠.

대표적인 SNS 페이스북과 인스타그램 로고
출처: 페이스북, 인스타그램

그런데 이왕이면 사진도 함께 올리면 좋지 않을까요? 페이스북은 처음부터 사진과 글을 함께 올릴 수 있는 서비스였습니다. 인스타그램은 좀 다르죠. 사진에 조금 더 초점을 맞춰서 멋진 사진을 공유하고 글은 비교적 적게 쓰는 서비스입니다. 마지막으로 유튜브는 사진과 텍스트를 뛰어넘어 영상을 기반으로 다른 사람들과 소통하는 서비스이고요.

2021년 1월 기준으로 페이스북의 이용자 수는 27억 4천 명이었고, 유튜브의 이용자 수는 22억 9,100만 명을 기록했어요. 전 세계 인구 중 세 명 중 한 명은 페이스북 계정을 가지고 있다는 이야기가 되죠. 이렇게 수많은 사람들이 사용하기에 그만큼 사진과 영상을 저장하는 공간에서 서로의 메시지가 오가게 만드는 서버 사용을 하려면 꽤 큰 비용이 필요하다는 걸 짐작할 수 있을 거예요.

그런데 페이스북이나 유튜브, 인스타그램 등은 왜 무료로 서비스를 제공하는 걸까요? 바로 '플랫폼'을 확보하고 유지하기 위해서입니다. 플랫폼은 공항이나 기차역과 같은 공간을 의미합니다. 수많은 사람들이 이동을 하기 위해 모이는 곳이죠. 사람들이 모이게 되면 무슨 일이 벌어질까요? 무슨 일이든 할 수 있게 됩니다. 기차를 타기 전에 식사도 해야 하고, 차에서 읽을 신문이나 잡지를 사기도 하죠. 카페에 앉아서 대화를 나누기도 하며 서로 가지고 있는 정보를 공유하기도 합니다. 플랫폼의 힘은 여기에 있죠. 일단 사람들을 모으는 것.

디지털 세상에서 사람들이 모이게 만드려면 다른 서비스들과의 경쟁에서 이기기 위해서 무료로 서비스를 제공하곤 합니다. 페이스북, 인스타그램, 유튜브는 물론 카카오톡과 같은 메신저들이나 여러분이 하는 모바일 게임도 모두 무료로 시작할 수 있죠. 게임의 경우에는 무료로 플레이가 가능하지만. 좀 더 재미있게 즐기기 위해서는 돈을 주고 아이템을 사거나 시즌 패스를 구매해야 합니다. 이를 멋진 용어로는 과금, 일반 용어로는 현질이라고 하죠.

SNS는 좀 달라요. 예전에 싸이월드라는 서비스가 있었을 때에는 각각 자신만의 미니홈피를 만들어서 이를 꾸미기 위해 과금을 해야 했죠. 그런데 페이스북, 트위터, 유튜브는 개인별 미니홈피 개념이 없어요. 따라서 개인에게 과금할 수 있는 방법이 없죠. 그래서 이런 회사들이 돈을 벌 수 있는 방법을 생각한 게 바로 '광고'예요.

수신료를 제외하고는 TV에서 방송하는 드라마나 영화를 볼 때 우리가 따로 돈을 내지 않죠. 공짜로 볼 수 있는 대신에 우린 TV 광고를 봐야 해요. 영화나 드라마, 뉴스가 무료로 제공되는 건 중간에 있는 광고를 보게 하기 위해서죠. MBC, KBS, SBS 등 방송국들은 광고를 틀어주는 조건으로 회사들에게서 돈을 받아요. 당연히 회사들은 이왕이면 많은 사람들이 보는 프로그램 앞에 광고를 넣고 싶겠죠. 그래야 끝까지 광고를 볼 테니까요. 그래서 인기 드라마나 예능 프로그램 앞뒤로 나오는 광고는 황금 시간대 광고라 해서 가격이 비쌌습니다.

SNS 서비스도 마찬가지죠. 유튜브는 영상을 보기 전이나 영상 중간에 광고가 뜨죠. 이 영상을 보는 대신 유튜브는 광고주에게 돈을 받게 되고, 이 광고를 보게 만들어준 유튜브 크리에이터들에게도 수익을 나누어줍니다. 그래서 유튜버 중에 몇십억 원을 벌었다는 사람들은 이 광고수입을 나눈 대가를 받았다고 생각하면 됩니다.

페이스북에도 광고가 있죠. 인스타그램에도 마찬가지고요. 그런데 전 세계 사람들에게 우리나라 어느 회사의 광고를 보여준다면 어떨까요? 아무 의미가 없겠죠. 다른 나라 사람들이 한국 물건을 살 일이 없을 테니까요. 우리나라에서도 마찬가지예요. 만약 초등학생에게 맥주 광고를 보여주거나, 어른들에게 어린이 장난감 광고를 보여준다면 이건 광고비 낭비가 되겠죠.

그래서 SNS 회사들은 수많은 가입자들을 구분합니다. 계속해서 이 사용자가 어떤 게시물을 좋아하는지, 댓글을 다는지 등을 분석해서 좀 더 정확한 광고가 이루어질 수 있게 하죠. 이런 광고를 '타겟팅 광고'라고 합니다. 광고를 집행하고 싶은 기업들은 사람들에게 대상에 따라 적합한 광고를 할 수 있게 되니 다른 곳에 광고를 하는 것보다 이득이죠.

따라서 서비스를 무료로 하는 이유는 사용자들의 데이터 분석을 통해 광고비를 얻기 위해서라고 봐도 됩니다. 그런데 좀 이상하지 않나요? 페이스북에 글을 쓰거나 영상을 올리는 건 우리인데, 우리는 광고비를 받지 않고 페이스북만 돈을 버니까요. 유튜브는 영상을 올린 크리에이터에게도 광고비를 나누어 주는데 말이죠.

2020년 하반기에 애플과 구글은 앱이 실행되면 '사용자의 활동을 추적하도록 허용하겠습니까?'라는 안내 글을 띄우며 앱마다 '추적 금지 요청' 혹은 '허용'을 사용자들이 선택할 수 있게 했습니다. 페이스북과 같은 회사 입장에서는 큰 타격이 될 수밖에 없죠. 사용자들의 정보를 수집해야 맞춤형 광고 집행이 가능하니까요. 이 때문에 실제로 페이스북의 광고 성과는 15% 정도로 떨어졌다고 합니다.

정리하자면, 서비스들을 무료로 이용할 수 있는 건 무료의 대가로 고객들의 데이터를 확보할 수 있기 때문이에요. 이를 바탕으로 광고를 집행할 수 있기 때문이죠.

메타버스가
뭐예요?

Q 메타버스가 뭐예요? 게임인가요? 영화인가요? 뭐가 달라지는
건가요?

A 메타버스는 메타(초월, 경계를 넘어선)와 유니버스(세상), 이 두
용어가 합쳐진 말이에요. 그래서 초월적인 세상. 경계를 넘어
선 세상이란 뜻을 가지고 있어요. 멋지죠? 그렇다면 어떤 경계를 넘어선
걸까요? 현실과 가상의 경계죠. 지금 우리가 살고 있는 세상은 현실 세

계입니다. 이 현실 세계를 뛰어넘어 디지털로 연결된 세상이 바로 메타버스인 겁니다. 상당히 큰 의미죠.

그런데 요즘 로블록스나 마인크래프트도 메타버스라는 이야기를 많이 하고 있어요. 이렇다 보니 부모님들 사이에서는 "아니, 우리 애가 하는 게임이 메타버스였어?"라며 놀란다고 하죠.

자, 개념을 잡아볼게요. 영화 중에 〈레디 플레이어 원〉이 있고, 애니메이션 중에서 〈소드 아트 온라인〉이 있어요. 소설 중에서 《달빛 조각사》나 《템빨》 등이 있는데 이런 콘텐츠들을 생각하면 이해가 쉬울 겁니다. 이 모두 현실과 가상의 세계를 넘나드는 이야기를 담고 있죠. 현실 세계에서 살아가다가 주인공이 캡슐에 들어가거나, 특수한 고글과 옷을 입으면 가상현실 세계로 들어갑니다. 진짜 같은 가짜. 사이버 세상에서 얼마나 정교하게 우리의 오감을 느낄 수 있느냐에 따라 몰입도는 달라지죠.

바로 이런 세상이 우리가 꿈꾸는 메타버스의 거의 끝이다라고 생각하면 됩니다. 그런데 문제가 있어요. 도대체 언제 그 세상이 오게 될까요? 아쉽게도 앞으로 10~20년은 더 기다려야 할 것 같아요.

그런데 메타버스와 로블록스는 차이가 너무 크지 않나요? 《달빛 조각사》와 같은 메타버스는 우리가 게임 속으로 들어갑니다. 반면 로블록스는 우리의 몸은 밖에 있고, 스크린을 통해서 가상 세계에 있는 나의 아바타를 조종하는 거죠. 둘의 공통점은 가상 세계라는 거예요. 가상 세계에서 수많은 사람들과 만나서 이야기도 나누고 생활할 수 있다는 게 특징이죠.

휴대용 VR 기기 바이브플로우

출처: HTC 공식 홈페이지

　만약에 로블록스를 VR로 즐기면 어떨까요? 엄청 신나는 일이 되겠죠. 이미 어느 정도 구현되고 있습니다. 오큘러스와 바이브라는 기기를 PC와 연결하면 VR로 게임을 할 수 있죠. 아직 즐길 수 있는 콘텐츠가 많지는 않지만 생각보다 재미있는 경험을 할 수 있습니다. 다만 아직까지 모든 사람들이 즐기기에는 한계가 있어요. VR 기기 가격이 꽤 비싸기 때문이죠. 가장 저렴한 '오큘러스 퀘스트2'만 해도 40만 원대이니까요. 더구나 VR 기기를 오래 사용하면 멀미도 나고, 시력이 저하되는 문제도 발생하다 보니 아직 모두가 쓰긴 어렵겠죠.

　그러면 이 부분이 해결되면 되겠네요? 그래서 현재 많은 기업들이 저렴하고 가벼우며, 어디서든 접속할 수 있는 휴대용 VR과 안경처럼 편하게 쓰고 다닐 수 있는 AR 글라스를 연구하며 개발하고 있습니다.

구글 스마트 글라스 출처: 구글

　왼쪽 페이지의 그림은 '바이브 플로우'라는 기기예요. 아직은 좀 우습게 생겼죠. 이유가 있습니다. VR은 가상 세계에서 가상의 사물들을 만나는 일이기 때문에 눈앞이 차단돼야 하기 때문에 그래요. 그래야 다른 세상을 볼 수 있으니까요.

　AR은 증강현실이라고 하는데. 실시간으로 눈에 보이는 현실 세계 위에 여러 디지털 사물들을 보여줍니다. 제일 쉬운 방법은 우리의 스마트폰을 사용하는 겁니다. 지금도 스마트폰에서 AR과 관련한 수많은 앱들을 다운받을 수 있어요. 예를 들어 앵그리버드 AR을 다운받으면 거실에 앵그리버드들을 불러와서 게임을 즐길 수 있죠. Sky Life와 같은 앱들을 사용하면 밤하늘의 별자리를 확인할 수 있고요. 하지만 스마트폰만으론 한계가 있죠. 계속 들고 있어야 하는 것도 부담일 테고요.

홀로렌즈에서 구현한 마인크래프트　　　　　　　　　　　출처: 마이크로소프트 유튜브 채널

　　페이스북이나 삼성, 구글과 같은 회사들이 AR 글라스를 만들고 있어요. 이미 구글은 구글 글라스를 2013년에 출시했는데 앞쪽의 사진에서 보듯 너무 파격적인 디자인이었죠. 당시 기술로는 깨끗한 AR이 구현되기도 어려웠고, 가격도 거의 200만 원 정도여서 일반인들이 구매하기에는 쉽지 않았어요. 마이크로소프트도 마찬가지입니다. 마이크로소프트는 홀로렌즈를 선보였어요. 〈포켓몬스터 고〉 게임을 예를 들면, 스마트폰 렌즈를 통해서 현실 세계에선 보이지 않는 몬스터들을 보고 잡는데, 홀로렌즈를 쓰면 이런 절차 없이 그냥 돌아다니면서 피카츄, 이브이와 같은 몬스터들이 주인을 따라다니게 되죠.

　　길을 가다가 다른 플레이어를 만나면 배틀도 가능합니다. 아직 그런 게임이 나오지 않았지만 곧 출시될 예정이에요. 마인크래프트는 지금도 AR로 즐기는 일이 가능하답니다.

　　눈앞에 마인크래프트 속 세상이 펼쳐진다고 생각해보세요. 어마어마

페이스북의 '메타' 발표

하게 재미있는 일이겠죠. 하지만 이 멋진 홀로렌즈도 단점이 있어요. 무겁고 비싸죠. 무려 300만 원이나 해요. 그래도 걱정하지 마세요. 페이스북과 샤오미와 같은 회사들이 더 저렴하고 멋진 디자인의 AR 글라스를 개발하고 있으니까요.

　페이스북은 아예 회사명을 '메타'로 바꾸면서까지 메타버스를 이끄는 회사가 되겠다 선언했죠. 그리고 위 그림과 같이 언제 어디서나 디지털과 함께 지낼 수 있는 세상을 만들겠다고 했어요. 얼마 남지 않은 미래. 메타버스는 이제 손안의 스마트폰에서 접속하는 세상에서 눈앞에 존재하는 세상으로 바뀌게 될 겁니다. 이런 세상 속에서 우리는 무엇이든 만들 수 있고 무엇이든 될 수 있죠. 가능성의 세상이기에 누가 가장 멋진 상상을 하느냐가 중요해지는 세상이 되고 있습니다.

AR이
뭐예요?

 AR 게임을 했을 때 어떻게 현실에서 캐릭터가 보이는 거죠?

앞서 현실 세계에 가상의 사물이 보이게 만드는 걸 AR(증강현
실)이라 이야기했었죠. 나이언틱의 게임인 〈포켓몬 고〉는 대표
적인 AR 게임이자 LBS 게임입니다. 아니 LBS는 또 뭐냐고요? 〈포켓몬
고〉를 해본 사람들은 알겠지만 게임 속에서 포켓몬을 잡을 때에는 AR
기능을 켤 수도 있고 끌 수도 있죠. 그렇기 때문에 〈포켓몬 고〉는 AR 게

임이라고만 볼 수는 없습니다. LBS는 Location Based Service 위치 기반이라는 뜻의 줄임말로 스마트폰에 들어 있는 GPS 기능을 통해서 실시간으로 그 사람이 어디에 있는지를 확인할 수 있게 해주죠. 그래서 게임속에 보이는 내가 가지고 있지 않은 포켓몬을 잡기 위해서는 현실 세계에서 실제로 그 장소까지 이동을 해야만 해요.

실시간으로 움직이는 현실 세계 위에 가상의 사물이 보이게 한다고 했었죠. AR이 구현되려면 카메라의 눈으로 특정 장소를 볼 때 디지털 사물이 나타나야 합니다. 카메라의 눈으로 비추는 장소가 어디인지를 파악해서 현재 있는 위치를 컴퓨터에 보내고, 다시 그 위치에 있는 디지털 사물에 대한 정보를 받아온 다음 카메라에 보이게 만들어야 하는 거죠.

대표적인 기술에는 위치 기반 AR과 물체 기반 AR이란 게 있어요. 위치 기반 AR은 방금 전에 이야기한 사람이 있는 위치를 파악해서 그 위치에 있는 가상의 사물을 보여주는 기술이에요. 물체 기반 AR은 특정한 모양(이걸 마커라고 해요)을 비추게 되면 그 부분을 인식해서 AR을 보여주는 방식이죠.

AR 초기에 나왔던 AR 카드나 책들이 이런 방식이었습니다. 박물관이나 전시관에 가면 AR을 인식하라는 표지를 볼 때가 있죠. 그런데 매번 마커를 출력해서 붙여놓는다면 귀찮은 일입니다. 특정 마커 없이 평평한 바닥을 카메라로 비추면 인식이 돼서 AR이 나타나게 하는 방식도 있습니다. 한번 여러분의 폰을 이용해 구글에서 '고양이'를 검색해보세요. 그런 다음 '3D로 보기'를 누르면 지금 여러분 앞에 고양이가 나타나게 할 수 있습니다. 마커 없이 평평한 지형만을 인식한 거죠. 요즘에는 이 둘을 굳이 구분할 필요가 없긴 합니다.

정리해볼게요. AR을 통해서 캐릭터가 우리 눈앞에 나타나게 하기 위해서는 몇 가지 필요한 게 있습니다.

첫 번째, 카메라가 필요해요. 스마트폰은 물론 얼굴에 쓰는 AR 기기도 마찬가지예요. 컴퓨터의 눈이라고 할 수 있는 카메라가 현실 세계를 인식해야 하니까요.

두 번째로 GPS와 나침반이 필요해요. 이 사람이 지금 어디에 있는지를 알아야 그 위치에 해당하는 사물 데이터를 불러올 수 있으니까요.

세 번째, 그래픽 기술이 필요합니다. 포켓몬 같은 캐릭터나 다른 디지털 사물들도 마찬가지죠. 3D 형태로 보이는 사물이 정교하면 정교할수록 우리는 진짜처럼 느끼게 될 거고요.

마지막으로 빠른 인터넷 속도가 필요해요. 지금은 AR로 보이는 많은 것들이 그렇게 활발히 움직이지는 않아요. 앞으로는 수많은 AR 사물들을 보게 될 텐데요. 눈앞에 보일 뿐 아니라 우리와 인사도 하고, 주머니에 넣거나 빼는 등 다양한 기능이 수행되도록 하기 위해서는 엄청나게 빠른 데이터의 이동이 필요하죠.

어떤가요? 이제 캐릭터가 눈앞에 보이는 원리를 이해했죠? 마지막으로 캐릭터가 정말로 눈앞에 보이게 하기 위해서는 스마트 글래스가 필요합니다. 그래야 카메라로 인식한 현실 세계의 모습을 우리 안경에 뿌려줘서 눈앞에 나타나게 만들 수 있을 테니까요.

왜
VR 기기를 쓰면
어지러운가요?

Q 왜 VR 기기를 쓰면 어지러운가요? 안 어지러운 VR은 없나요?

A 가끔 VR 기기를 체험할 때가 있죠? 백화점이나 쇼핑몰에도 VR 기기들이 있고, 아예 탑승해서 VR 게임을 하게 만든 곳들도 있어요. 그런데 이상하지 않나요? 너무 재미있어서 하루 종일이라도 하고 싶은데 10분에서 20분 정도로 시간제한을 두죠. 왜일까요? 시력저하가 우려되는 것도 있겠지만 멀미가 나기 때문에 장시간 사용을 금

지하는 거라고 해요.

　어른들 중에서도 VR 체험을 잠깐만 해도 멀미가 난다는 사람들이 있어요. 이 이유를 풀기 위해서는 우리 몸의 구조를 이해할 필요가 있습니다. 우리가 사물을 볼 때는 눈으로만 보는 게 아니라 귀도 함께 이용합니다. 갑자기 웬 귀냐고요? 헷갈리죠? 학교에서 배웠거나 배우게 될 텐데요. 우리의 귀 안쪽에는 '내이'라는 게 있고 여기에는 '전정 기관'이라는 게 있어요. 요 전정 기관이 하는 역할이 몸이 움직일 때 우리 뇌에게 '야, 나 움직이고 있어'라며 신호를 던지는 것이죠. 몸의 균형을 잡는데 아주 중요한 역할을 하는 기관입니다. 그래서 주변이 빙글빙글 돌면서 어지럼증을 심하게 느끼게 되는 증상을 이석증이라고 하는데, 바로 이 전정기관에 있는 이석 때문에 일어나는 일이에요.

　다시 VR 기기로 돌아가볼게요. 우리가 VR 기기를 쓸 때에는 보통 움직이지 않고 앉아 있는 상태에서 착용합니다. 몸이 가만히 있으니까 귀도 가만히 있죠. 전정 기관은 뇌에게 '나 지금 앉아 있어'라고 신호를 보내요. 그런데 VR 기기가 눈으로 보내는 신호는 롤러코스터를 타고 빠르게 움직이며 360도로 움직이는 공간에서, 갑자기 우주에 떠 있고, 뒤에서 좀비가 나타나는 것 같은 다양한 정보를 주죠.

　눈과 귀가 서로 다른 정보를 보내니 뇌는 혼란스럽습니다. 이게 가장 큰 멀미의 이유죠. 하나 더 있어요. 바로 해상도 차이 때문이에요. 4K라는 말 들어봤을 거예요. 1080p라는 말도 있죠. 유튜브를 볼 때 갑자기 화질이 안 좋게 보인다면 설정 메뉴에 들어갔을 때 보이는 용어들이죠. 세세한 기술을 알 필요는 없습니다. 일단 1080p보다는 4K가 선명하다는 것만 기억하면 돼요. 이제 4K를 넘어서 8K까지 영상을 촬영하거나 재생할 수 있도록 기술이 발달했어요. 그렇다면 우리가 실제 바라보는 세상은 몇 K 정도의 해상도일까요? 사람의 눈은 주변 상황이나 집중도 등 다양한 변수가 많기 때문에, 딱 잘라서 몇 K라고 말할 수는 없지만 대략적으로 16K 정도라 이야기되고 있습니다.

이제 해상도가 멀미에 미치는 이유에 대해 이해가 되죠?

그렇다면 이 두 가지 문제를 해결하면 VR 기기를 썼을 때 멀미를 줄일 수 있겠네요? 맞습니다. 아무것도 안 하고 가만히 앉아서 빠르게 움직이는 VR 영상을 보는 것보다 실제로 몸을 움직이고 머리를 움직일 수 있는 VR 콘텐츠들이라면 멀미를 일으킬 확률이 적죠. 오큘러스 퀘스트 2에서 서비스되는 〈비트세이버〉와 같은 리듬 액션 게임이나 〈Thrill of the Fight(쓰릴 오브 파이트)〉와 같은 권투 게임을 할 때는 멀미가 거의 나지 않아요. 물론 몸을 움직여도 VR 세계에 그대로 있게 하기 위해서는 '동작인식'이라는 요소가 하나 더 필요합니다. 이를 DoF Degrees of Freedom 이라 이야기해요. 저가형 VR 기기는 3DoF를, 고가형은 6DoF를 지원해요. 골판지로 만든 구글의 카드보드는 고개를 흔드는 정도는 괜찮지만 몸을 위아래로 움직이게 되면 화면이 꺼져버립니다. 이걸 생각하면 돼요.

VR 기기를 썼을 때 멀미가 나는 이유는 사람의 눈에 해당하는 해상도를 제공하지 못하기 때문과 눈과 귀에서 뇌에 전하는 정보가 다르기 때문이란 것이고, 이를 해결할 수 있는 방법은 해상도를 높이고 동작인식을 통해 동일한 정보를 뇌에 전달하는 것이라고 정리할 수 있겠어요.

한 가지 더 알아야 할 게 있어요. 앞으로 메타버스 세상이 되면 많은

3DoF   6DoF

3DoF vs 6DoF   출처: pupuru.com

사람들이 자신만의 VR 기기를 통해 VR 세상에서 만나게 되겠죠. 이때 중요해지는 건 '네트워크 속도'예요. 그러니까 열심히 스마트폰으로 게임을 하고 있는데 갑자기 인터넷이 느려지면 어떻게 될까요? 흔히 '렉 걸렸다!'라고 하는데요. 이는 레이턴시(지연)가 발생했다는 뜻이에요. 렉이 걸리면 갑자기 자신의 캐릭터가 순간이동하는 일이 발생하죠. 스마트폰 게임이야 괜찮다 해도 가상 세계에 들어가 있는데 모든 사물이 뚝뚝 끊기는 일이 발생하면 현실과의 괴리감 때문에 멀미는 더 심해질 수밖에 없겠죠. 따라서 빠른 네트워크 속도도 중요한 요소라는 것 잊지 마세요.

아바타가
뭐예요?

 게임 속 캐릭터를 아바타라고 하던데 무슨 뜻인가요?

게임 중에는 자신만의 캐릭터를 만드는 게임들이 있죠. 이때
최대한 자신의 얼굴과 닮게 만들거나 평소에 해보지 못했던
과감한 패션을 적용해서 나를 대신할 캐릭터를 만듭니다. 나를 대신할
캐릭터를 '아바타Avatar'라고 해요. 아바타는 산스크리티어에서 나온 말로
화신이란 뜻을 갖고 있어요. 게임을 하는 플레이어들은 게임 속 캐릭터

들에게는 신과 같은 존재이니 신을 대신하는 존재라는 의미인 아바타는 꽤 적절한 표현이죠.

우리나라에서 아바타라는 말이 유명해진 건 아마도 2009년에 개봉한 제임스 카메론 감독의 영화 〈아바타〉 때문일 겁니다. 여기서도 주인공을 대신한 육체라는 의미에서 아바타라는 말이 쓰였죠.

1999년에는 싸이월드에서 '미니미'라는 캐릭터를 만들어 나를 대신하기도 했고, 2021년에는 페이스북에서 자신을 닮은 아바타를 만들어 사용하거나, 제페토와 같은 메타버스 플랫폼에서는 아예 머리 스타일에서 옷까지 모든 것을 마음대로 꾸밀 수 있게 하고 있습니다.

앞으로 더 많은 아바타가 만들어지게 될 텐데요. 두 가지 눈여겨볼 부분이 있습니다. 한 가지는 수많은 게임과 메타버스 플랫폼에서 동일한 아바타의 연결이에요. 매번 새로운 게임을 할 때마다 새로운 아바타를 만드는 건 처음에는 즐겁지만 나중에는 시간 낭비가 될 겁니다. 따라서 새로운 게임으로 컨버팅하거나 크로스해서 이용하게 만드는 서비스들이 등장하게 될 거예요. 이렇게 되면 현실 세계에 '나'라는 존재가 하나밖에 없듯, 게임 속 아바타도 단 하나의 나를 증명할 수 있는 고유의 아바타가 되겠죠.

두 번째는 주의해야 할 점이에요. 아바타를 만든다는 건 현실 세계의 자신과 다른 캐릭터를 만드는 개념이기 때문에 나는 물론 상대방도 아바타 너머에 누가 있는지 모릅니다. 나이도 얼굴도 모르죠. 그렇기 때문에 더 예의 있게 다른 사람들을 대할 필요가 있습니다. 이미 수많은 게임에서 사기 사건들과 욕설 때문에 문제가 되는 걸 많이 봤을 거예요.

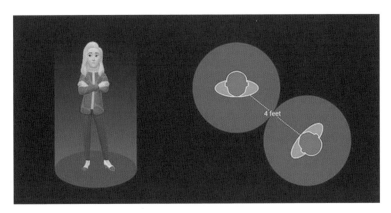

메타의 호라이즌 월드에 적용된 1.2m 거리두기   출처: 메타 퀘스트 블로그

　요즘은 메타버스 내에서의 성범죄, 성추행도 주의해야 하죠. 낯선 사람을 조심해야 하는 건 현실 세계나 사이버 세계나 마찬가지입니다. 그래서 페이스북(메타)의 경우 호라이즌 월드라는 메타버스에서는 아바타들끼리 1.2m 거리두기가 적용되어 있습니다. 현실 세계의 문제점들이 그대로 나타날 수 있기 때문에 각별한 주의가 필요하다는 점도 잊지 마세요.

멀리 있는 사람과 어떻게 화상통화를 하나요?

Q 어떻게 멀리 떨어져 있어도 전화나 화상 통화를 할 수 있고, 게임상에서 만날 수 있는 건가요?

A 사실 마법입니다. 우리는 마법의 기기를 가지고 다니는 거죠. 농담이 아니에요. 만약 여러분이 스마트폰을 들고 1990년대 초반이나 더 옛날인 조선 시대로 돌아간다고 상상해보세요. 악마의 도구라 불렸을 걸요? SCP 재단에서 연구할법한 물건이었겠죠.

생각해보세요. 여러분은 누구에게도 들키지 않고 전 세계 어딘가에 있는 친구들에게 하고 싶은 말을 건넬 수 있습니다. 우리는 이런 걸 초능력의 일종인 '텔레파시'라 부르죠. 이걸 매일 카카오톡으로 하고 있는 거예요.

잘 모르는 게 있다면 수천만 권의 정보가 쌓여 있는 도서관에 들어가 언제나 필요한 부분만 골라낼 수 있죠. '인터넷' 검색이 있기 때문이에요. 이 모든 것을 가능하게 해주는 마법과 같은 세상에서 우린 살고 있답니다.

질문으로 돌아가볼게요. 일단 전화의 원리부터 알아볼게요. 혹시 어렸을 때 '실 전화기'를 만들어본 적 있나요? 두 개의 종이컵에 실을 묶어서 연결한 후, 두 사람 중 한 명은 컵 한쪽에 귀를 대고, 다른 한 명은 반대쪽 컵에 대고 말을 하면서 서로 소통하는 놀이입니다. 우리는 다른 사람하고 어떻게 대화를 하죠? 우리 목에는 성대가 있죠. 성대를 울려서 공기를 내보내며 목구멍과 혀를 통과시키면 다양한 음파가 나오게 됩니다. '음~' 하는 소리가 눈에 보이지 않지만 파동으로 공기 속에 퍼지는 거죠. 잔잔한 호수에 돌을 던지면 퐁하고 동그랗게 파문이 나타났다가 사라지는 것과 같아요.

우리가 사는 세상에는 눈에 보이지 않는 수많은 음파들이 퍼져 있어요. 종이컵과 실로 만든 실 전화기는 실을 타고 음파가 전달되는 거죠. 진짜 전화기는 어떨까요? 우리가 말할 때 공기에 퍼지는 진동을 전화기 안에 들어 있는 진동판이 움직이며 '전류'를 생성하게 됩니다. 이걸 음성 전류라고 하는데 한 사람이 보낸 전류를 다른 사람이 가지고 있는 전화기에 정확하게 전달해야 두 사람이 서로 이야기를 나눌 수 있죠. 그래서 예전에는 음성을 정확하게 전달하는 일을 하는 교환원이 있었어요. 전화하는 두 사람 사이의 음성 전류가 맞는지 확인하고 선을 연결해주는 역할을 했죠. 쉽게 생각해서 실 전화기에서 실을 길게 늘리는 일을 했다고 봐도 좋을 것 같아요.

그런데 스마트폰에는 '선'이 달려 있지 않죠(그래서 무선이라고 합니다). 무선은 조금 더 복잡합니다. 사람의 목을 타고 나오는 소리가 음파로 나온다고 얘기했죠. 이게 무선의 논리예요. 이미 우리 귀는 주위의 수많은 소리들을 받는 수신기죠. 이 방식이 무선 전화기에 쓰이게 되는 겁니다. 한마디로 무선 전화기는 공중에 있는 수많은 전파 중에서 나에게 필요한 전파를 잡아서 연결하는 기능을 갖고 있답니다.

그런데 아무리 큰 목소리를 가진 사람이라고 해도 서울에서 외친들 제주도에선 들리지 않죠. 우리의 목소리를 증폭시켜주는 기기가 필요합니다. 바로 여기에 해당하는 기기들이 커다란 안테나를 가지고 있는 기지국이죠. 기지국에서는 유선 케이블을 통해 교환기로 우리의 목소리를 전달합니다. 이 목소리는 다시 다른 곳에 있는 교환기에 전달되고, 그 교환기는 기지국을 거쳐 무선 전파로 우리 스마트폰에 전달되는 것이죠. 그래서 기지국과 교환기를 연결하는 유선 케이블이 끊기게 되면 스마트폰으로 전화를 할 수 없게 되는 겁니다. 섬 같은 곳에선 유선 케이블을 지상에 연결하기 어렵기 때문에 해저케이블을 사용해요. 바닷속에 이미 케이블 선이 설치되어 있단 얘기죠. 놀랍죠? 우리가 외국 친구들과 소통하고, 해외 방송 같은 서비스를 우리나라에서도 이용할 수 있는 이유는 바로 해저케이블 덕분이에요. 각 나라별로 몇만 km나 되는 해저케이블이 바닷속에 들어가 있는 거죠. 그렇다면 고장 날 수도 있겠네요? 맞습니다. 고장이 나는 이유 중 70%가 선박에 걸리거나 낚시 때문이라고 합니다. 지진이나 산사태 때문도 있는데 이건 10%밖에 되지 않는다네요.

바다 밑에 설치된 해저케이블 광고   출처: LG전선해저케이블

자, 다시 돌아가볼게요. 전화의 원리에서 영상의 원리로 넘어가볼게요. 전화가 소리를 전달하는 거라면, 영상은 영상 신호를 전파로 전달하는 거죠. TV나 모니터 화면을 자세히 보면 촘촘하게 모자이크되어 있는 걸 볼 수 있어요. 이걸 픽셀이라 하는데요. 카메라로 찍은 영상을 신호로 바꾸어서 전파로 전달하면 이를 각각의 단말기(TV나 모니터)로 연결해서 다시 모니터에 나타나게 만드는 겁니다.

따라서 요약하면, 깨끗하고 선명한 화질로 영화나 드라마를 보기 위해서는 깨끗한 '전파'를 송수신해야 한다고 할 수 있어요. HD와 UHD의 경우 최대 16배까지 선명하게 영상을 볼 수 있죠. 다만 아무리 깨끗한 영상을 수신한다고 해도 TV나 모니터가 이를 제대로 재생할 수 없다면 UHD 영상은 재생하기가 어렵습니다. 그래서 OLED, LCD, PDP 등 패널(화면)의 차이에 따라 가격 차이도 나는 것이죠.

네이버·다음 지도는
어떻게 우리의 위치를
알 수 있나요?

Q 네이버·다음 지도는 어떻게 우리의 위치를 알 수 있나요? '내가 있는 현 위치'를 알려주는데 어떻게 가능한 건가요?

A 이건 PC와 스마트폰이 달라서 두 개를 구분해서 이야기해야 할 것 같아요. 우선 PC에서 웹으로 접속해 네이버·다음 지도에 들어가는 경우, 엄밀히 말해 여러분이 있는 위치를 알려준다기보다 여러분이 지도 사이트에 접속한 컴퓨터의 위치를 알려주는 겁니다.

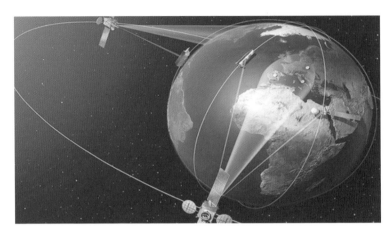

범지구위성항법 시스템 GNSS 예상도　　　　　　　　　　　　出처: 국토지리정보원

　　집 주소가 있듯 모든 컴퓨터에는 컴퓨터만의 주소인 IP라는 게 있습니다. 다만 이 IP라는 주소는 '고정' IP가 아니라 '변동' IP예요. 예를 들어 서울시 용산구 한남동까지는 알 수 있는데 정확히 어떤 아파트의 몇 동인지까지는 알 수 없죠. 그래서 네이버·다음 지도 웹에 접속하면 추정치가 나오게 됩니다(그래도 꽤 정확하죠).

　　스마트폰이나 내비게이션에선 좀 다릅니다. 이 경우엔 GPS를 사용하고 있죠. GPS는 풀어쓰면 Global Positioning System으로, 위성 위치 확인 시스템이라 합니다. '위성'이라는 말에서 알 수 있듯 우주에 떠 있는 인공위성을 통해서 내가 어디에 있는지를 알 수 있게 만들어주는 시스템이죠. 지금도 지구 주위에 있는 32개 이상의 위성이 지구를 따라 공전하고 있습니다. 이 위성들 덕분에 네이버·다음 지도에 우리가 있는 위치가 표시되며, 페이스북이나 트위터 같은 SNS에 글을 남길 때 어디에서 썼는지 장소가 남게 되는 거죠.

그런데 GPS는 어디에서 만들어졌을까요? 누구나 무료로 사용하고 있는 멋진 기술이니 전 세계에서 조금씩 돈을 모아 만든 걸까요? 그렇지 않습니다. GPS를 만드는 곳은 미국이에요. 미국이 GPS를 개발한 이유는 군사적인 목적 때문이었습니다. 정확한 위치를 파악할 수 있다면 미사일을 쐈을 때 정확한 지점에 떨어지게 할 수 있겠죠. 그렇다면 GPS를 무료로 전 세계에 제공하면 미국의 적국에서도 사용하게 되겠죠? 맞아요. 그렇기 때문에 처음엔 GPS를 외부에 공개하지 않았습니다.

그러다가 1983년 9월 1일에 뉴욕에서 김포공항으로 가던 대한항공 여객기 007편이 소련(지금은 러시아) 항공으로부터 공격을 받아 추락하는 사고가 있었습니다. 탑승자 전원이 사망한 말도 안 되는 끔찍한 일이었죠. 당시 항공기들은 GPS가 아니라 INS라는 관성항법장치를 이용했다고 합니다. 이 장치가 고장 나서 대한항공 여객기가 소련 상공에 들어가게 되었던 거죠.

이 때문에 미국에서는 GPS를 민간에도 개방했으나 아주 정밀한 개인의 위치까지는 알지 못하도록 고의적으로 정확도를 낮췄습니다. 민간의 요구에 따라 클린턴 정부 때에 오차가 더 줄어든 상태입니다. 여기까지 읽었다면 의문이 들 거예요. 만약 미국에서 다른 나라 사람들에게 GPS를 더 이상 못 쓰게 하거나 돈을 내고 쓰라고 하면 어떻게 될까요? 아마 전 세계적으로 난리가 날 겁니다. 그래서 미국과 경쟁을 벌이고 있는 중국, 러시아는 물론 인도와 일본, 유럽연합에서는 독자적으로 GNSS라는 이름의 범지구위성항법시스템을 연구해 언제라도 있을

GPS 서비스 중단과 오류에 대응하고 있죠. GNSS가 정식으로 쓰이게 되면 GPS로 인한 오차도 10미터에서 1~2미터로 줄어들게 될 겁니다. 그러면 우리의 위치도 더 정확하게 알 수 있게 되겠죠? 그렇게 되면 자율주행차는 물론 무인으로 움직이는 모든 기기에도 적용될 수 있을 겁니다.

QR코드

QR코드는 개인 신원 확인에서 결제에 이르기까지 다양하게 쓰이고 있습니다. 중국에서는 종업원들에게 바로 팁을 주거나, 성금을 내는 용도로 쓰이기도 하죠. 또 어떤 곳에서 QR코드를 쓸 수 있을까요?

- 나만의 QR코드를 만들어 출력해보세요.
- 학교에서 QR코드는 어떻게 쓰일 수 있을까요?
- QR코드의 단점은 어떤 것들이 있을까요?

인폴딩? 아웃폴딩?

스마트폰의 디스플레이를 접는 방식은 안으로 접느냐 밖
으로 접느냐에 따라 차이가 있었죠. 여러분은 어떤 방식이
더 효과적이라고 생각하나요? 디스플레이를 접는다는 건
엄청난 일입니다. 스마트폰뿐만 아니라 모든 디지털 기기
를 접어서 다닐 수 있다는 얘기니까요.

● 인폴딩 방식의 장점과 단점을 생각해보세요

● 아웃폴딩 방식의 장점과 단점을 생각해보세요.

● 스마트폰 외에 어떤 기기들을 접으면 편리할까요?

AR과 VR

AR은 현실 세계에 가상의 데이터를 보여주고, VR은 가상의 세계에서 가상의 데이터를 보여줍니다. 각각의 활용도가 다를 것으로 예상되는데요. 여러분은 어떤 게 더 기대되나요? 예를 들어, AR 안경을 쓰면 보이는 반려견을 생각할 수 있죠. 어디든 여러분을 따라다니는데 현실 세계에는 없어요. VR 기기를 쓰면 국내뿐 아니라 해외 많은 친구들과도 만나서 대화를 할 수 있게 될 겁니다. 미래는 무엇이든 상상하는 사람의 몫이에요.

- AR을 학교에 적용해보면 어떨까요? 어떤 수업이 재미있어질까요?
- VR로 등교하는 학교를 생각해보세요. 어떤 부분이 장점일까요? 단점은 없을까요?

새로운
영상의
시대

OTT가
뭐예요?

Q 왜 〈오징어 게임〉은 MBC나 KBS 같은 채널에선 볼 수가 없나
요? OTT가 뭐예요?

A 그건 MBC나 KBS 등의 방송사에서 〈오징어 게임〉 드라마를
구매하지 않았기 때문이에요. 물론 〈오징어 게임〉 콘텐츠를
가지고 있는 넷플릭스에서 팔지 않기 때문이기도 하죠.

OTT는 Over The Top이라는 말의 줄임말입니다. 여기서 Top은 셋톱

디즈니의 OTT 서비스, 디즈니플러스

박스를 이야기해요. 셋톱박스는 또 뭘까요? 여러분 집에 있는 TV 근처를 보면 작은 상자 하나가 보일 거예요. 혹은 KT의 기가지니나 BTV의 인공지능 스피커가 있을 거예요. 그게 바로 셋톱박스예요. 셋톱박스는 Set-top box라는 말로, 여기서 Set은 TV를 의미합니다. 그러니까 TV 위의 박스란 뜻이죠. 이 박스는 지상파인 MBC, KBS 등의 방송사에서 보내는 신호를 받아서 TV에서 보여주도록 하는 역할을 하고 있습니다. 통신사별로 각기 다른 셋톱박스를 제공하고 있죠.

OTT는 셋톱박스 없이도 영화나 드라마 같은 디지털 콘텐츠를 볼 수 있게 하는 서비스를 말합니다. 대표적으로 넷플릭스, 디즈니 플러스, 왓챠, 웨이브, 티빙 등의 서비스가 있죠. OTT는 인터넷을 통해 디지털 콘텐츠를 전달하기 때문에 셋톱박스 없이 스마트폰, 태블릿 심지어 플레이스테이션이나 닌텐도 스위치와 같은 게임기에서도 영상을 볼 수 있게 합니다.

앞에서 우리 광고에 대해 이야기했던 거 기억나죠? 유튜브나 페이스북을 무료로 쓸 수 있는 이유는 광고 때문이고, 방송사들이 무료로 영화나 드라마, 예능 프로그램을 제공하는 것 역시 중간중간 기업들의 광고를 보도록 만들기 때문이라고 했어요. 그렇다면 OTT 서비스도 광고비로 충당하고 무료로 제공하면 되겠네요? 음, 이건 좀 애매한 문제입니다.

넷플릭스가 처음 나왔을 때 사람들이 좋아했던 이유가 있어요. 바로 광고가 없기 때문이었죠. TV에서 한참 재미있는 예능 프로그램을 보고 있는데 갑자기 "자, 광고 보고 오겠습니다"라고 하면 '에이!' 하면서 아무리 재미있는 광고라도 보고 싶지 않겠죠. 유튜브도 마찬가지예요. 영상이 시작하기 전이나 중간에 광고가 나오는 경우가 있어요. 유튜버에게 도움이 된다는 건 알지만, 이걸 보기 싫다면 유튜브 프리미엄에 등록해서 매달 9천 원 정도의 비용을 내야 하죠. 넷플릭스는 광고비 대신에 매달 사용자들에게 유튜브처럼 구독료를 받아요. 한 달에 만 원 정도 하는 금액이죠. 겨우 한 달에 만원 내는데, 회사가 유지될 수 있을까요?

〈오징어 게임〉을 만드는 데 들어간 비용은 약 250억 원 정도라고 해요. 어마어마하죠? 아니, 사람들한테 한 달에 만 원씩 받아서 250억 원짜리 드라마를 제공한다니, 가능한 걸까요? 물론 가능하죠. 넷플릭스의 전체 가입자는 2억 명이 넘습니다. 나라마다 가격 차이는 있지만, 일단 계산하기 좋게 2억 명의 사람들이 매달 만 원씩을 낸다고 생각해보세요. 어마어마한 돈이죠. 넷플릭스는 이렇게 벌어들인 금액으로 '오리지널' 드라마와 영화를 만드는 데 투자하고 있습니다. 넷플릭스에 있는 수많은 콘텐츠들 중에는 넷플릭스가 만든 것도 있고, 이미 다른 데서 만든 걸 가져와서 서비스하는 경우도 있죠.

오리지널 콘텐츠는 넷플릭스에서 돈을 투자한 대신 오직 넷플릭스에서만 서비스되는 콘텐츠예요. 그런데 왜 넷플릭스는 오리지널 콘텐츠에 200억 원씩을 투자하는 걸까요? 생각해보세요. 여러분이 〈포켓몬스터〉나 〈요괴워치〉와 같은 애니메이션 프로그램을 보고 싶은데 왓챠에서도 볼 수 있고 넷플릭스나 웨이브에서도 볼 수 있다면, 굳이 넷플릭스를 선택할 필요 없이 매월 사용 금액이 저렴한 곳에 가입해서 보면 되겠죠? 다른 예를 하나 더 들어볼게요. 여러분이 〈아이언맨〉, 〈스파이더맨〉 같은 마블 시리즈 영화를 너무 좋아한다고 할게요. 그런데 이 영화들을 소유하고 있는 곳은 넷플릭스가 아니라 디즈니죠. 디즈니는 넷플릭스와 계약해서 이 영화를 서비스해도 괜찮다고 한 겁니다. 물론 꽤 많은 돈을 받았겠죠. 그러다 어느 날 디즈니가 가만히 앉아 생각해본 거예요.

'어라? 생각보다 넷플릭스가 돈을 많이 버네? 그런데 마블 콘텐츠는 우리 거잖아? 우리도 콘텐츠를 만들면 사람들이 많이 보겠군. 좋아, 넷플릭스랑 당장 계약 끊자.'

이렇게 해서 넷플릭스에서 콘텐츠가 빠져버리면 넷플릭스는 더 이상 사람들에게 제공할 콘텐츠가 없게 되겠죠. 그럼 사람들은 디즈니 쪽으로 모여들 거예요. 이 때문에 넷플릭스는 〈오징어 게임〉과 같은 오리지널 콘텐츠에 투자하는 겁니다. 이건 다른 OTT 서비스들도 마찬가지죠. 누가 더 많이, 더 재미있는 오리지널 콘텐츠를 가지고 있느냐가 가입자들을 떠나지 않게 만드는 힘이 돼요. 그래서 아쉽게도, 더 많은 돈을 가진 회사들이 더 많은 오리지널 콘텐츠를 만들어서 서비스하게 됩니다.

한 가지 더 기억하세요. 재미있는 영화나 드라마를 만들기 위해서는 무엇보다도 재미있는 시나리오가 있어야 한다는 것을요. 우리나라의 웹툰과 웹소설의 재미는 전 세계적으로 인정받았습니다. 이 때문에 OTT 시장이 커질수록, 창작자들은 물론 우리나라 배우들이 더 크게 성장할 수 있는 무대가 마련되는 것이죠.

넷플릭스는
어떻게
돈을 버나요?

넷플릭스는
어떻게
돈을 버나요?

Q 넷플릭스는 어떻게 돈을 버나요? 구독 서비스가 도대체 뭔가
요? 다른 회사들은 안 하나요?

A 앞에서 매달 구독료를 받는다고 했었죠. 이를 서브스크립션
subscription, 구독 서비스라고 해요. 이번에는 그 이야기를 해볼게
요. 5천 원, 만 원이 큰돈은 아니겠지만 매달 지불하도록 만드는 건 힘
든 일입니다. 그 돈을 내야 하는 이유를 보여주지 않으면 말이죠.

누군가가 돈을 지불하게 만들려면 돈을 낸 것보다도 더 많은 혜택을 줘야 해요. 그래야지만 한 번 돈을 내고 나서도 계속해서 지불하도록 만들 수 있죠. 우리 주변에서 가장 쉽게 볼 수 있는 구독 서비스는 신문과 잡지입니다. 신문은 매일, 잡지는 한 달에 한 번 정도 배달되는데, 옛날에 비해서는 구독하는 비율이 상당히 줄어들었죠. 스마트폰에서 무료로 신문을 볼 수 있다 보니 굳이 종이 신문을 돈 내고 보지 않아도 된 것도 있어요. 하지만 그것보다는 앞서 이야기한 것처럼 종이 신문이 주는 혜택이 크지 않다는 이유가 큽니다. 점점 종이 신문과 잡지는 대다수가 아닌 일부 사람들만 보는 걸로 바뀌게 됐죠.

이런 구독 서비스를 가장 잘하는 회사는 미국의 아마존이에요. 아마존은 사람들이 책을 검색해서 주문하면 택배로 배송해주는 서비스로 시작한 회사죠. 지금은 책뿐만 아니라 다양한 상품들을 주문할 수 있어요. 그래서 아마존의 로고를 보면 A에서 Z까지 웃고 있는 모양인 겁니다.

웃는 모습의 아마존 로고

출처: 아마존 홈페이지

잘 되는 회사는 경쟁자가 생기기 마련이죠. 아마존도 마찬가지예요. 경쟁자가 생기니 다른 방법을 고민합니다. 바로 구독 서비스죠. 매달 일정 금액을 내는 구독 서비스인 아마존 프라임 멤버십에 가입한 사람들에게 특별한 혜택을 줍니다. 처음에는 빠른 배송 서비스를 해줬어요. 우리나라야 미국에 비해 땅이 작으니까 당일 배송이 가능하지만 미국은 다르죠. 큰 땅덩어리에서 빠른 배송, 무료 배송뿐만 아니라 무료 환불도 해줬어요. 이 역시도 다른 회사들이 금방 따라올 수 있는 서비스예요. 그래서 추가 서비스를 하나둘 늘려나갔어요. 현재 아마존 프라임 멤버십 고객들은 무료 배송뿐만 아니라 무료 책 읽기, 무료 음악 듣기(아마존 프라임 뮤직), 무료 영화 보기(아마존 프라임 비디오) 등 다양한 서비스를 이용할 수 있죠.

국내에는 네이버가 비슷한 멤버십 서비스를 하고 있어요. 네이버 멤버십은 매월 4,900원 정도의 금액을 지불해야 하는데, 대신 네이버 쇼핑으로 물건을 사면 더 많은 금액을 적립해줘요. 여기에 더해 '디지털팩' 서비스를 사용하면 매월 네이버 드라이브 180기가가 제공되고 네이버 웹툰과 쿠키 20개, 음악 서비스인 바이브 300회 이용권, 오디오북 대여 3천 원 할인권 등의 서비스가 제공되죠. 이걸 다 합치면 거의 만 원에 해당하는 금액입니다. 4,900원을 내고 만 원의 혜택을 누리니 남는 장사지요.

이렇게 혜택을 많이 줘서 '이건 안 하면 손해야!'라고 생각하게 만드는 게 구독 서비스입니다. 밀리의 서재나 리디북스 셀렉트, 예스24 북클럽의 경우 매달 만 원 정도의 금액을 내면 무제한으로 전자책을 대여해 볼 수 있죠. 평소 책을 좋아하는 사람들이라면 안 하면 손해죠.

혜택 외에도 '이건 여기밖에 없어'라는 독특함을 주는 서비스도 사람들을 끌어들일 수 있어요. 독특함에 해당하는 것들은 넷플릭스의 〈오징어 게임〉, 〈기묘한 이야기〉 등의 오리지널 콘텐츠, 디즈니 플러스의 마블 시리즈 등이 될 수 있겠죠.

다른 한편으론 사람들의 불편함을 덜어주는 서비스도 있어요. 그게 뭘까요? 예를 들어 매번 생수를 마트에 가서 사 마시는 건 불편한 일입니다. 아빠들의 경우 면도기 날이 떨어질 때마다 면도기를 사러 마트에 가는 것도 번거롭죠. 이때 구독 서비스를 이용하면 생수 같은 생필품이 떨어질 때가 되면 알아서 배달해줍니다. 편리하죠. 샐러드 구독 서비스인 스윗 밸런스, 맞춤형 화장품을 배송해주는 톤28 등이 불편함을 덜어주는 서비스입니다.

마지막으로 하나 더 있어요. 자동차도 구독이 되는 시대가 됐습니다. 자동차는 몇천만 원에서 일억 원에 이르기까지 상당히 비싼 물건이에요. 한 번 사면 폐차할 때까지 타기도 하고, 중고로 팔고 또 다른 차를 사는

현대자동차의 구독 서비스 현대 셀렉션　　　　　　　　　출처: 현대차 홈페이지

경우도 있죠. 그런데 매번 다른 자동차를 탈 수 있다면 어떨까요? 언제든 다른 디자인의 자동차를 탈 수 있다면 말이죠. 그걸 가능하게 만든 게 바로 '현대 셀렉션'입니다. 매달 75만 원을 내면 쏘나타, 투싼, 아반떼, 베뉴 중에서 하나를 바꿔 탈 수 있죠. 한 번에 큰돈을 내고 차를 사기에는 부담이 되지만, 매번 다른 사람의 차를 렌트해서 쓰는 사람들에겐 좋은 서비스랍니다.

이 밖에 또 어떤 서비스들을 사람들이 구독하게끔 만들 수 있을까요? 여러분이 한번 생각해보기 바랍니다.

유튜브와 넷플릭스는
내가 좋아하는 영상을
어떻게
알 수 있나요?

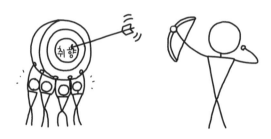

Q 유튜브와 넷플릭스는 내가 좋아하는 영상을 어떻게 알 수 있나요? 싫어하는 영상도 알 수 있나요?

A 정말 신기하게도 유튜브와 넷플릭스는 내가 좋아하는 영상들, 좋아할 만한 영상들을 어떻게 알고 잘 추천해줍니다. 이걸 취향저격이라 이야기하죠. 어떻게 가능한 걸까요? 바로 여기에 '빅데이터'와 '알고리즘'의 비밀이 숨어 있습니다.

넷플릭스의 개인별 취향 분석 및 추천

　빅데이터는 말 그대로 '거대한 정보'를 이야기합니다. 우리는 지금 이 순간에도 수많은 정보를 생산하고 있죠. 친구와 카톡을 하고, 인터넷에서 검색을 하는 모든 것들이 '데이터'입니다. 유튜브와 넷플릭스를 볼 때도 마찬가지예요. 검색을 하는 것, 영상을 보는 것. 멈추거나, 그만 보고 나오거나, 아침에 보거나, 저녁에 보거나, 이 모든 것들이 하나하나의 데이터죠. 수십만 명의 행동 데이터를 모아서 분석하면, 한국에 15살 남자아이와 여자아이가 좋아하는 콘텐츠가 무엇인지 알 수 있게 되는 거예요.

　그래서 유튜브는 처음엔 조회수가 가장 높은 영상을 추천해줬어요. 그런데 문제가 있었죠. 조회수를 올리기 위해 자극적인 제목과 썸네일(이미지)로 된 영상들이 너무 많아졌던 겁니다. 여러분 중에도 눈에 띄는 어떤 영상의 제목을 보고 시청했는데 정작 내용이 없어서 실망했던 경험 다들 있죠? 그래서 유튜브는 시청 시간을 기준으로 변경합니다. 어떤 키워드에 대한 영상이 있을 때 그 영상을 많은 사람들이 거의 끝까지 시청했다면 추천할 만한 영상이 되는 거예요.

이런 분석과 추천을 사람이 다 할 수는 없겠죠. 그래서 2016년 유튜브에 머신러닝이란 인공지능 방식이 도입되었어요. 개개인들에게 맞춤형 영상을 추천할 수 있게 되었죠. 아쉽게도 그 방식이 정확히 어떤지, 기준이 무엇인지에 대해 구글은 정확히 이야기해주지 않고 있어요. 마치 유명한 음식점에서 요리 비법을 공개하지 않듯이 유튜브 역시 알고리즘에 대해 공개하지 않는 거죠. 대신 사람들은 짐작만 하고 있어요. 어떤 영상이 우선순위에 오르게 되는 기준은 조회수, 조회수 증가 속도, 시청 시간, 사용자 참여도 등이라고 말이죠. 그래서 영상이 끝날 때 많은 유튜버들이 구독과 좋아요를 눌러달라고 하는 겁니다.

넷플릭스 역시 추천 알고리즘을 가지고 있어요. 넷플릭스의 알고리즘은 유튜브에 비해서는 쿨하게 공개되고 있습니다. 유튜브는 영상을 올리는 유튜버들이 광고 시청에 따라 수익을 볼 수 있고, 그렇기에 양질의 영상을 유튜버들이 올리게 하기 위해서 알고리즘을 복잡하게 운영하고 있죠. 반면 넷플릭스는 각각의 영상 제작 회사들에게 수익을 나누어 주는 형태가 아니기 때문에 추천 알고리즘을 공개하는 게 아닌가 싶네요. 구체적으로 사용자들이 선택한 영상과 시청 시간대, 어떤 기기에서 영상을 접속했는지, 어떤 종류의 영상을 '나중에 보기'에 담아두는지, 어떤 영상을 끝까지 보거나 보지 않았는지 등의 빅데이터를 기준으로 추천 알고리즘을 만들어내는 겁니다.

좀 더 쉽게 이야기해볼게요. 만약에 〈슬기로운 의사생활〉 드라마를 본 사람들이 〈슬기로운 의사생활〉을 본 다음에 〈슬기로운 감빵생활〉을 봤다면, 이들을 같은 그룹으로 묶어놓습니다. 이 그룹에 있는 사람들 안에서도 다시 시청하기, 사용기기 등으로 또 구분한 후 이들이 좋아하는 썸네일을 추천해줍니다. 그래서 같은 영상이라도 나라마다 썸네일 이미지가 다르게 나오는 거죠. 게다가 넷플릭스는 영상 하나하나마다 인공지능이 아닌 '태거tagger'라 이름 붙여진 사람들이 직접 영화를 감상하고 그 영상에 대한 핵심 태그를 기록해놓습니다. 장소, 시대, 주인공의 성격, 실화 바탕 여부, 원작 소설 등 다양한 태그를 기록하고 이를 재조합해서 추천 알고리즘을 만드는 거죠.

그래도 좀 어렵죠? 더 쉽게 말하자면 우리가 사용하면 사용할수록 우리에 대해서 더 잘 알게 되어 추천해주는 서비스라고 생각하면 될 거예요. 단순히 넷플릭스나 유튜브와 같은 영상뿐 아니라 어떤 사람들의 빅데이터를 분석해본다면 그들이 무엇을 좋아하는지, 주말에는 어떤 걸 먹고 싶어 하는지, 어떤 곳에서 살고 싶어 하는지와 같은 다양한 내용을 정리해서 추천할 수 있게 되지요. 그러니 데이터가 정말 중요하다는 것 잊지 마세요.

왜 다른 사람의
영상이나 노래를
내 영상에 쓰면
안 되나요?

Q 왜 다른 사람의 영상이나 노래를 내 영상에 쓰면 안 되나요?
어차피 인터넷에서 검색하면 다 무료인데요.

A 요즘 영상 편집을 하는 일이 많아졌죠. 어떤 사람들은 자신의
블로그에 다른 사람의 사진을 쓰기도 합니다. 이때 정말 정말
주의해야 할 게 있어요. 바로 '저작권'입니다. 저작권은 누군가가 '저작'
한, 그러니까 직접 만든 물건에 대한 권리를 의미해요. 예를 들어 이 책

에 대한 저작권은 제가 가지고 있는 거죠.

어? 그런데 이 책을 돈 주고 산 건 여러분이라고요? 이 경우에는 책의 '소유권'을 구매한 거예요. 소유권은 어떤 물건에 대해서 온전히 자신의 것으로 만드는 권리를 의미하죠. 따라서 나중에 이 책을 다른 사람에게 주거나 중고서점에 판매를 해도 저는 아무런 이야기를 하지 못해요. 소유권은 여러분에게 있으니까요. 하지만 이 책의 내용을 가지고 여러분이 블로그에 글을 쓰거나 영상을 만들어 사이트에 올리는 건 다른 일이에요. 이때 저에게 허락받지 않으면 저작권 침해를 한 게 됩니다.

그럼 인터넷에서 검색되는 수많은 이미지와 영상들은 자유롭게 활용해도 되는 걸까요? 누구나 마우스 우클릭하면 다운받을 수 있는 이미지니까요. 이 경우에도 안 됩니다. 인터넷은 처음 만들어졌을 때부터 누구나 쉽게 정보를 공유하기 위한 장으로 만들어졌어요. 따라서 정보의 공유는 가능하지만 그렇다고 누구나 막 가져다가 쓰라는 건 아니죠. 이걸 신경 쓰지 않고 있다가 블로그나 유튜브 영상이 '저작권을 침해'했다며 소송에 들어가는 경우가 있습니다. 보통의 경우 재판까지 가지는 않고 이미지의 저작권을 가진 사람이나 회사에 합의금을 주는 걸로 마무리됩니다. 금액은 몇십만 원에서 몇백만 원이 넘어가는 경우가 많습니다. 어른들한테도 큰 금액인데 어린 청소년들에겐 당연히 당황할 수밖에 없는 금액이죠. 게다가 저작권법 자체가 꽤 무거운 처벌인 게 저작권법 136조를 보면 '5년 이하의 징역 또는 5천만 원 이하의 벌금에 처할 수 있다'라는 말이 있어요. 아니, 갑자기 징역이라뇨. 게다가 몇백만 원도 아니고 5천만 원이라고 하면 너무 큰 금액이죠.

무료 디자인 제작툴 미리캔버스　　　　　　　　　　　　　　출처: 미리캔버스 홈페이지

　이건 이미지와 영상의 무단 사용에만 해당되는 게 아닙니다. '폰트'에도 해당이 돼요. 블로그나 영상에 올리는 글씨체를 예쁘게 쓰고 싶어서 사용하는 폰트 역시 저작권이 있습니다. 예쁘다고 마음대로 가져다 쓰면 큰일 나는 거죠. 좋아하는 가수의 노래 역시 마음대로 쓰면 안 됩니다.

　아니, 그럼 이것도 안 되고 저것도 안 되면 뭘 어쩌라는 걸까요? 예를 들어볼게요. 어느 초등학생이 모르고 저작권에 위반되는 일을 했는데, 어느 날 저작권자가 소송을 걸겠다며 합의금을 요구하는 일이 생겼다고 가정해봅시다. 불과 몇 년 전만 해도 이런 일들이 정말 많았어요. 의도적으로 저작권을 침해한 것도 아니고, 그렇다고 블로그나 영상으로 돈을 벌려는 것도 아닌데 이런 일이 생기면 너무 억울하겠죠. 그래서 초범(범죄는 범죄니까요)이나 저작권에 대해 인식이 없었던 사람이라면 재판까지 가더라도 곧바로 징역과 벌금이 부과되지는 않습니다. 청소년은 물론 많은 사람들이 자칫 범죄자가 되는 걸 막기 위한 이유죠. '저작권 교육조건부 기소 유예'라는 제도도 이런 이유에서 생겼고요. 말 그대로 저작권 위원회에서 하루 8시간 교육을 받는 조건으로 봐준다고 생각하면 됩니다. 그렇다고 해서 소송에 들어갔는데 "저작권 교육조건부 기소 유예로 해주세요"라고 당당히 이야기하면 괘씸죄에 걸리게 되겠죠.

그럼 어떻게 하면 자유롭게 블로그와 유튜브 영상을 쓸 수 있을까요? 다음 몇 가지만 기억하세요.

출처를 명확히 합니다. 예를 들어 여러분이 이 책의 어떤 문장을 인용하고 싶다면, 그 문장을 인용한 다음에 뒤에 괄호( )를 넣고 책 제목을 넣으세요. 예를 들면, '여러분이 이 책의 어떤 문장을 인용하고 싶다면, 그 문장을 인용한 다음에 뒤에 괄호( )를 넣고 책 제목을 넣으세요. '(청소년을 위한 한발 빠른 IT 수업)'과 같이요.

뉴스 기사 같은 경우에도 안전하게 헤드라인 정도만 언급하고 안의 내용은 여러분의 의견을 더해서 채우는 게 좋습니다.

음악은 어떨까요? 아예 유명 아티스트들의 음악은 쓰지 않는 게 좋아요. 틱톡과 같은 경우는 좀 다릅니다. 틱톡 안에서 무료로 제공해주는 음원들이 있죠. 이것들은 괜찮아요.

아니면 웹상에서 무료 이미지나 무료 폰트를 제공해 디자인을 제작할 수 있는 곳들도 있어요. 대표적으로 망고보드나 미리캔버스가 있죠.

아, 한 가지 더. 유튜브 영상을 찍다 보면 다른 친구들이나 모르는 사람들의 얼굴이 찍히는 경우가 있어요. 이때는 주의해야 해요. 이를 '초상권' 침해라고 하는데, 초상권은 자신의 얼굴, 타인과 구별되는 신체적 특징에 관해서 함부로 촬영, 묘사, 공표되지 않는 권리를 뜻합니다. 누구에게나 있는 권리로 손해배상청구의 대상이 될 수 있죠. 따라서 여행 영상이나 음식점에서 먹방 영상을 찍고 싶다면 다른 사람들의 얼굴을 흐리게 처리하거나, 모자이크 처리를 해야 합니다.

언제나 나의 의견을 쉽게 올려서 누구하고나 이야기할 수 있는 공간이 된 블로그와 유튜브, 그리고 다른 여러 SNS까지, 한 번 더 조심해야 한다는 것 잊지 마세요.

VPN이
뭐예요?

 해외에서 우리나라 영상을 보거나, 우리나라에서 해외 영상을 볼 때 VPN을 쓰던데 이게 뭔가요?

A VPN는 Virtual Private Network 즉, 사설 개인망 네트워크라고 합니다. 개인정보 보호와 접속 위치 변경을 할 수 있다는 장점이 있는데, 개인정보 보호보다 접속 위치 변경 때문에 많이 쓰이죠.

예를 들어 예전에 우리나라에서 〈포켓몬 고〉가 속초에서 접속해야만 포켓몬이 화면에 나타나는 일이 있었어요. 앞서 이야기한 것처럼 GPS를 비롯한 위치추적 방식으로 포켓몬들이 나타나게 하는 게임인데, 우리나라는 지도 반출 문제가 있었기 때문에 다른 지역에선 포켓몬이 나타나질 못했던 것이죠. 이때 속초로 직접 가서 게임을 한 사람들도 있었지만, VPN을 써서 우회했던 사람들도 있었죠. 디즈니 플러스가 해외에서만 서비스됐을 때도 마찬가지였어요. 그러니까 한마디로 나는 지금 한국에 있지만 미국에 있는 것처럼 인터넷 접속 주소를 속이는 걸 얘기해요.

이번에는 개인정보 보호 이야기를 해볼게요. 여러분의 PC나 인터넷 사이트들은 1.2.3.4.라는 식의 각각의 주소를 가지고 있습니다. 이를 IP라고 하는데요. VPN을 사용하게 되면 이 IP 주소뿐 아니라 여러분의 컴퓨터에서 접속한 사이트들에 대한 정보를 보호해줄 수도 있습니다. 코로나19로 인해서 많은 사람들이 회사에 안 가고 재택근무를 했죠. 문제는 많은 회사들이 중요한 내부 자료들을 외부에서 함부로 접속하지 못하도록 보안 시스템을 운영하고 있다는 데 있습니다. 그렇다고 해서 직원들이 가지고 있는 아무 컴퓨터에서나 접속할 수 있도록 보안을 해지할 수도 없고, 직원들 모두에게 보안 프로그램이 설치된 노트북을 줄 수도 없죠(물론 직장인들 모두가 노트북만 쓰는 게 아니고 PC를 쓰기도 합니다). 보안 프로그램이 설치되어 있다 하더라도 여전히 회사 내에 있는 컴퓨터에 접속해서 일을 해야 하니 위험은 있죠.

이때 VPN을 쓰게 됩니다. 이렇게 생각하면 이해하기가 쉬울 거예요. 인터넷은 누구나 달릴 수 있는 고속도로이고, VPN은 허가받은 사람만

언리미티드 앱에서의 VPN 실행 모습

출처: unlimitiedvpn

달릴 수 있는 고속도로이다, 여기에 차가 들어오면 위장막을 씌워서 누구인지 알아볼 수 없게 만든다, 라고요.

그렇다면 누구나 VPN을 쓰도록 만들면 될 텐데 왜 그렇게 하지 않는 걸까요? 두 가지 이유가 있습니다. 첫 번째 이유는 VPN은 안전한 서비스이지만 그렇다고 해서 100% 신뢰해서는 안 되기 때문이에요. 특히 무료로 제공하는 VPN의 경우에는 개인 정보를 빼갈 수도 있으니 위험하죠.

두 번째 이유는 각 나라별 서비스를 제공하는 회사들에게 부담이 되는 방법이기 때문이에요. 예를 들면 우리나라와 인도의 유튜브 프리미엄 가격은 다릅니다. 우리나라가 9,500원이라면 인도는 한 2,000원대죠. 이렇게 가격이 다른 건 구글에서 각 나라별로 다른 정책을 쓰기 때문이에요. 생각해보세요. 여러분이 장사를 한다고 할 때 경쟁이 치열한 곳에서는 손님을 잡기 위해 가격을 내리고, 경쟁이 덜한 곳에서는 올리려 하지 않을까요? 그런데 모두가 VPN을 쓰게 되면 수익에 큰 영향을 미치게 되겠죠.

그래서 일부 게임 회사들은 VPN을 금지하고, 위반 시 벤$_{BEN}$(계정을 정지)시키기도 합니다. 이 이유 역시 수익 악화는 물론, VPN으로 우회 후 각종 불법을 저지르는 일에도 사용될 수 있기 때문입니다. 누군가에게 인터넷으로 사기를 당했는데, VPN을 쓰고 있어서 찾을 수 없다면 난감한 일이겠죠.

그렇다면 VPN 사용은 불법일까요? 그건 아닙니다. 앞서 이야기한 것처럼 회사들도 원격근무로 VPN을 사용하는데 불법일 리는 없겠죠. 다만 VPN 사용 자체는 불법이 아니지만 이를 활용해 해킹이나 사기를 저지른다면 그건 불법이에요. 자동차를 타고 범죄를 저지르러 가는 길이라도 자동차와 길에는 아무런 문제가 없듯 말이죠.

따라서 한 가지만 기억하세요. 게임할 때는 벤당할 수 있으니 주의하고, 무료 VPN은 웬만하면 사용하지 말자.

합성 영상은
어떻게
제작하나요?

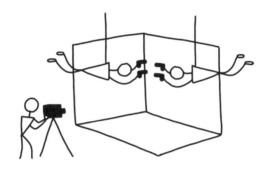

Q 합성 영상은 어떻게 제작하나요? 〈어벤져스〉와 같은 영화에서는 배경이 되는 도시나 우주, 심지어 적들까지 다 만들어낸 영상이라고 하던데요. 이건 어떻게 제작하는 건가요?

A 그렇죠. 요즘 대부분의 영화에서는 진짜가 아닌 가짜 영상들을 많이 사용합니다. 혹시 〈승리호〉라는 영화 본 적 있나요? 거기에 업둥이라는 멋진 로봇이 나옵니다. 그런데 이 로봇 역시 가짜 영상입

CG가 없던 시절 활영 기법

출처: 유튜브 빨강 도깨비 채널

니다. 더 정확히 이야기하면 연기자의 얼굴에 가짜 영상을 만들어 붙인 거죠. 이뿐 아니라 여러분이 보는 유튜브들도 대부분의 유튜버들이 자신이 현재 있는 공간에서 자신의 모습만 남겨놓고 뒤 배경에 게임 영상이나 소개하고 싶은 영상을 띄우죠.

자, 그럼 이렇게 영상을 지우거나 새롭게 변경하는 방법을 이야기해 볼게요. 두 가지 용어를 이야기할 겁니다. 바로 CG와 VFX죠. CG는 Computer Graphics의 줄임말입니다. 컴퓨터로 만든 그래픽이라는 뜻이죠. VFX는 Visual Effects라는 뜻입니다. 시각적인 특수효과를 의미해요. 같은 말처럼 보이지만 조금 다릅니다. 시각적 특수 효과VFX 안에 CG가 들어간다고 생각하면 돼요. 그렇다면 아주 수십 년 전, 컴퓨터 성능이 좋지 않았던 시절에는 어떻게 영화를 만들었을까요? 바로 '매트 페인팅'이란 기술을 썼습니다.

위 사진을 보면 실제 카메라가 촬영한 부분은 사람이 수레를 끄는 장면이고 나머지는 그림으로 그린 겁니다. 대단하죠. 이런 기술은 대표

실감나는 영상 촬영이 가능한 비브스튜디오스

적으로 〈스타워즈〉 3부작에 쓰였었죠. 이때에는 우주선을 비롯해서 모든 것을 그림으로 그려서 카메라로 촬영했었습니다.

지금은 크로마키 천이라 불리는 녹색 천으로 배경을 만든 곳에서 배우들이 연기를 하고, 나중에 컴퓨터 그래픽으로 녹색 부분을 지운 후 멋진 장면을 재조합하고 있어요.

그런데 이런 CG 기술이 쓰이는 건 마블 영화 같은 SF 영화에서만이 아니에요. 일반적인 거리나, 자동차가 달리는 곳들도 다 CG로 새롭게 재구성되고 있죠. 왜일까요? 예를 들어 강남역 사거리에서 촬영을 한다고 가정해볼게요. 강남역 사거리를 배경으로 한 영화 장면이 2분 남짓이라 가정했을 때. 이 2분을 위해서 강남역 일대를 통제할 수는 없기 때문이에요. 영화에서는 2분이지만 이를 실제 촬영한다고 하면 하루 반나절도 모자랄 거예요. 그러면 비용도 상당히 많이 들겠죠. 하지만 CG로 만들게 되면 교통을 통제할 필요도 없고, 얼마든지 원하는 시간대에, 원하는 날씨에 촬영을 할 수 있게 되죠. 엄청난 일이죠?

그런데 CG로 모든 것을 다 처리하는 일이 좋기만 할까요? 그렇지 않습니다. 배우들 입장에서 생각해보세요. 굉장히 어색할 수밖에 없죠. 눈앞에 거인이 나타나는 장면을 찍는데, 사실은 거인의 모형을 한 종이로 만든 인형 앞에서 연기하는 겁니다. 진짜로 스파이더맨 옷을 입은 게 아니라 옷을 입은 것처럼 행동해야 하죠. 배우들은 진지하게 연기하지만 녹색 천 앞에서 하늘을 날고, 춤을 추는 게 쉽지만은 않을 거예요.

크리스토퍼 놀란 감독은 CG를 쓰지 않는 감독으로 유명합니다. 〈배트맨〉 시리즈와 〈인터스텔라〉와 같은 영화를 보면 '이건 분명 CG일 것 같은데?' 하는 많은 장면들이 실제로는 만들어진 세트장에서 촬영됐죠. 옥수수밭 장면 하나를 찍기 위해서 1년 전에 옥수수를 심었을 정도니까요. 물론 이런 방식이 무조건 옳다는 건 아닙니다.

그렇다면 디즈니 플러스에서 볼 수 있는 〈만달로리안〉이란 작품을 봐봐요. 우리나라에서 만든 〈키스 더 유니버스〉와 같은 다큐를 보면 분명 CG인 것 같은데 배우들의 연기가 자연스럽죠. 국내 비브스튜디오스 같은 곳들은 LED 방식의 거대한 스크린을 갖추고 있습니다. 배경을 바꿀 수 있고, AR까지 사용할 수 있으니 배우들은 물론 촬영하는 사람들 입장에서도 어색하지 않고 실제 현장에 있는 것처럼 촬영할 수 있죠.

한번 여러분도 집에서 녹색 색종이를 준비한 다음, 자신의 손가락이나 직접 그린 캐릭터를 올려두고 재밌는 영상을 찍어보세요. 그런 다음 간단한 영상 편집 프로그램으로 배경을 바꿔보세요.

구독 서비스

넷플릭스, 왓챠와 같은 OTT 구독 서비스는 다른 곳에도 쓰일 수 있습니다. 신문과 잡지도 구독 서비스의 일종이죠. 그렇다면 또 어떤 곳에 구독 서비스가 쓰일 수 있을까요?

- 스마트폰을 구독하는 서비스는 어떨까요?
- 자주 쓰는 펜이나 노트를 구독 서비스로 쓸 수는 없을까요?
- 구독 서비스의 가장 큰 장점은 귀찮음을 줄여주는 데 있습니다. 그렇다면 단점은 어떤 게 있을까요?

합성 영상 제작

스튜디오가 아니어도 집에서 간단하게 합성 영상을 제작할 수 있습니다. 초록색 종이 위에 물건을 올려놓고 스마트폰으로 영상 촬영을 해보세요. 그런 다음 영상 편집 앱에서 크로마키 기능으로 뒤 배경을 마음대로 바꿀 수 있습니다. 이렇게 합성 영상을 촬영하게 되면 전 세계 어디라도 혹은 우주 넘어 다른 행성이

나 바닷속 깊은 곳까지도 촬영 장소로 쓸 수 있게 됩니다. 엄청난 장점이지만 반드시 장점만 있지는 않겠죠?

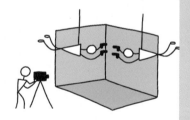

- 여러분은 어떤 장소를 합성 영상의 배경으로 만들고 싶나요?
- 합성 영상을 사용하게 되면 배경이 되는 장소를 찾아가거나 만드는 데 들어가는 시간과 비용을 아낄 수 있습니다. 단점은 뭐가 있을까요? 배우들의 관점에서 생각해보세요.

새로운
이동의
시대

수소차와 전기차는
뭐가
다른가요?

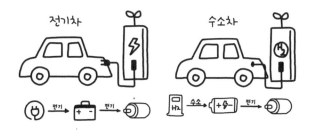

Q 수소차와 전기차는 뭐가 다른가요? 요즘 파란색 자동차 번호
판이 많이 보이던데 이건 뭔가요?

A 맞아요. 요즘 자동차 번호판이 파란색인 차들을 많이 볼 수 있
어요. 이건 '이 차는 전기차'라는 뜻입니다. 2017년 6월부터 전
기차 번호판색이 바뀌었죠. 그런데 가끔 '전기차 전용 충전소'에 가면 하
얀색 번호판의 자동차들이 세워져 있거나 충전을 하는 경우가 있습니

수소자동차 원리

출처: 산업통상자원부

다. 이상하죠? 이 차들은 '완전 전기차'가 아니라 '일부 전기차'이기 때문에 그렇습니다. 일명 하이브리드차라고 하죠. 좀 복잡해졌죠? 하나씩 알아볼게요.

우선 우리가 알아야 할 차량의 종류부터 살펴볼게요. 일반적으로 기름을 넣어서 달리는 자동차를 내연기관차라고 합니다. 기름을 넣으면 운동에너지로 전환해서 차를 달리게 하죠. 자동차의 보닛(앞부분의 뚜껑)를 열면 커다란 엔진이 있다는 게 특징이에요. 그런데 주유소에 가면 주유기가 노란색도 있고 초록색도 있어요. 노란색 주유기는 가솔린, 초록색은 디젤을 말합니다. 이외에 LPG라는 가스를 충전해 달리는 차도 있어요. 이 차들을 모두 내연기관차라고 합니다. '내연'이란 내부에서 연료를 태우는걸 뜻하죠.

디젤은 경유차라고도 하는데, 가솔린보다 매연을 적게 발생시킵니다. 그렇다면 디젤이 더 좋겠네요? 그렇지는 않습니다. 장단점이 있죠. 디젤은 비용이 저렴하지만 소음과 진동이 큽니다. 2021년에 '요소수 대란'이 났던 거 기억하나요? 디젤차는 요소수를 넣게 되어 있는데, 이 요소수는 배기가스를 줄이기 위한 필수 성분입니다. 요소수를 넣지 않고 주행하게 되면 경고등이 뜨고 결국 시동을 걸 수 없게 되죠. 이렇게 장점과 단점이 명확하다 보니 자동차 회사들은 어느 하나를 선택하지 않고 가솔린차와 디젤차를 둘 다 생산하고 있죠.

전기차는 엔진이 없는 대신 모터가 있습니다. 전기차 안에 있으면 '위잉~' 하고 돌아가는 소리가 납니다. 이게 모터 소리예요. 전기를 충전해서 모터를 돌리고, 그 힘으로 움직이기 때문에 배기가스가 나오지 않습니다.

하이브리드차라는 것도 있어요. 하이브리드차는 양념 반, 후라이드 반처럼 전기와 엔진이 둘 다 있는 자동차를 말해요. 출발할 때나 저속으로 달릴 때에는 모터의 힘을 쓰고, 고속 주행이나 같은 속도로 주행할 때에는 엔진을 사용합니다. 주행을 할 때 생기는 운동에너지를 전기에너지로 바꾸어서 배터리를 충전하는 거죠. 엔진만 사용하는 자동차보다 소음이 적은 것도 장점으로 뽑힙니다. 그럼 단점은 뭘까요? 보통 하이브리드차는 앞에 엔진을 놓고, 뒤에 모터를 놓습니다. 이렇다 보니 어쩔 수 없이 트렁크가 작을 수밖에 없다는 게 단점이죠.

운동에너지로 바꿔서 배터리를 충전하는 거면 평소에 배터리를 충전할 필요가 없을 텐데, 왜 하이브리드차들이 전기차 충전소에 가서 충전을 하는 걸까요? 그건 하이브리드차가 다시 두 가지로 나뉘기 때문에 그래요. 방금 설명한 방식은 하이브리드 자동차_{Hybrid Electric Vehicle}, 줄여서 HEV라고 합니다. 그것 말고도 플러그인 하이브리드 자동차_{Plug-in Hybrid Electric Vehicle}도 있어요. PHEV라고도 하는데요. 하이브리드차는 평소에 기름으로 달린다고 했죠. PHEV는 반대입니다. 평소에 전기의 힘으로 달리고 기름을 보조 수단으로 쓰죠. 일반적인 주행을 할 때에는 전기로, 고속도로나 장거리를 달릴 땐 내연기관을 함께 쓴답니다. PHEV가 좋은 점은 전기로 달리다가 방전되어도 내연기관으로 달릴 수 있다는 거예요. 전기차 충전소가 근처에 없다면 그냥 기름을 넣고 달리면 되죠. 단점은 없을까요? 물론 있죠. 차에 전기를 충전하는 방식은 급속과 완속, 두 가지로 나뉘는데요. 스마트폰도 급속 충전기가 있고 완속 충전기가 있죠. 그것과 같습니다. 급속 충전기로 충전을 하면 40분 정도면 완충이 되는데, 완속 충전기로 완충하려면 서너 시간이 걸리죠. PHEV는 대부분 완속 충전만을 지원합니다. 급속 충전기에 충전을 해도 완속으로 충전이 되죠. 이 때문에 전기차 충전 시에 혼란을 겪기도 합니다.

이번에는 수소차로 가볼게요. 수소 하면 가장 먼저 생각나는 게 뭔가요? 수소 폭탄! 어마무시하죠. 그렇다면 수소차는 위험한 차일까요? 가솔린차의 주요 연료가 가솔린이고, 전기차의 주요 연료가 전기이듯이 수소차는 수소를 주요 연료로 쓰는 차를 말합니다. 수소를 넣는다는 건 생각만 해도 두려운 일일 수 있는데요. 그렇지 않습니다. 차에 수소가 담기는 건 맞아요. 하지만 이걸 폭발시켜서 추진력을 얻는 건 아니죠. 만약 그렇게 되면 폭탄처럼 터지겠죠…. 수소탱크에 담긴 수소와 산소가 화학반응을 하면 물과 전기가 발생합니다. 이때 생성되는 전기를 이용해서 배터리도 충전하고 모터도 구동시키는 거죠. 결국 전기로 움직이기 때문에 수소전기차라고도 불립니다. 수소전기차의 가장 큰 장점은 충전 시간이 짧다는 거예요. 전기차는 충전이 오래 걸린다고 했는데 수소차는 충전하는 데 5분이면 충분하죠. 게다가 한 번 충전하면 500~600km 정도의 긴 거리를 달릴 수 있다는 것도 장점입니다. 전기차가 가장 처음에 나왔을 때는 300km를 간신히 달렸고, 이제야 500km 이상을 달리는 차들이 출시되고 있는 것에 비하면 확실한 장점이죠.

그렇다면 단점은 뭘까요? 일단 전기차에 비해서 충전소가 적습니다. 전기차 충전소는 아파트 단지 내에서나 단독주택의 경우 자기 집 마당에 세울 수 있는 반면, 수소차 충전소는 쉽게 세울 수가 없어서 전국에 총 60개 정도밖에 되지 않습니다. 건설 비용만 해도 20~30억 원 가까이 들죠. 그래서 우선적으로 수소차는 개인이 타는 승용차보다 버스나 트럭 등 장거리 운송수단으로 먼저 발전하고 있습니다.

무엇이 되었든 친환경차가 대세라는 점 잊지 마세요. 앞으로 10년이 지나면 더 이상 자동차 회사들이 내연기관차는 생산하지 않을 테니까요.

전기차는
어떻게
충전하나요?

Q 전기차는 어떻게 충전하나요? 220V로도 충전이 되나요?

A 전기차 충전 방식은 스마트폰이 충전되는 방식과 비슷합니다.
충전을 이야기하기 전에 먼저 '배터리'에 대해서 이야기해야
해요. 스마트폰을 충전한다고 하지만 사실 스마트폰 안에 들어있는 배
터리를 충전하는 거죠. 자동차도 같아요. 자동차 안에 배터리가 있고,
배터리가 충전되면 그것으로 엔진에 해당하는 모터를 돌리는 겁니다.

내연기관차에 기름을 넣는 주유구가 있듯 전기차에도 전기를 꽂는 충전구가 있습니다. 자동차에 따라 차량 앞쪽에 있기도 하고 뒤쪽에 있기도 하죠. 충전하는 방식은 굉장히 쉽습니다. 전기차 충전기에다 카드를 대고, 충전 호스를 차량에 꽂으면 되죠. 스마트폰 충전 케이블과 같아요.

자, 이제 완속·급속 충전 이야기를 해볼게요. 완속 충전기는 전기를 천천히 보내서 자동차 배터리가 충전되도록 하죠. 속도가 느린 만큼 안정적으로 충전이 됩니다. 차량마다 다르지만 보통 완전 방전된 상태에서 완충되기까지 5~6시간 정도 걸려요. 그래서 완속 충전기를 이용하는 사람들은 밤에 충전해놓고 자죠. 우리가 잘 때 스마트폰을 충전기에 꽂아놓는 것과 같죠? 급속 충전기는 말 그대로 급하게, 순간적으로 많은 양의 전기를 끌어와서 배터리를 충전하는 걸 말해요. 방전된 상태에서 완충되기까지 약 40~50분 정도 걸립니다. 내연기관차를 타고 주유소에 가서 기름 넣는 시간에 비하면 길지만 완속 충전기에 비해서는 정말 빠른 속도죠. 그래서 고속도로 휴게소나 마트 같은 곳에는 급속 충전기들이 있습니다. 급하게 충전해서 빨리 이동해야 하는 사람들을 위해서죠.

애플의 아이폰과 삼성의 갤럭시폰은 충전하는 부분이 다르게 생겼죠? 이 때문에 아이폰을 쓰는 사람들이 삼성 충전기로 충전하기 위해서는 별도로 어댑터를 앞에 끼워야 합니다. 전기차는 어떨까요? 전기차는 충전기 커넥터(코드)가 완속과 급속에 따라 다릅니다. 여기에 급속은 DC 차데모와 DC 콤보로 나뉩니다. DC 차데모는 일본과 한국에서 주

	AC단상 5핀 (완속)	AC3상 7핀 (급속·완속)	DC차데모 (급속)	DC콤보 (급속)
충전기 커넥터				
차량 축 소켓				
특징	-	급속·완속 충전구 일체형 전력망 효율적 관리가능	완속·급속 소켓 구분 전파간섭 작음	급속·완속 충전구일체형 급속충전속도 빠름
적용 주요 국가	미국, 일본, 한국	유럽, 한국	일본, 한국	미국, 유럽, 한국

로 사용하고 DC 콤보는 미국, 유럽, 한국이 사용합니다. 그래서 테슬라를 사는 사람들은 차량에 달려 있는 포트가 미국식인 데다가 테슬라 전용 포트로 되어 있어서, 우리나라에서 충전하기 위해서는 완속용 어댑터, 차데모용 어댑터, DC 콤보용 어댑터, 이렇게 세 개의 어댑터가 각각 필요하죠(테슬라 전용 충전소가 따로 있습니다).

요금은 어떻게 될까요? 충전 요금이 낮에 하느냐 밤에 하느냐, 얼마만큼 충전하느냐, 어떤 회사의 충전기를 이용하느냐에 따라 다 다르긴 하지만 대략적으로 이야기하면 완속 충전이 급속 충전에 비해서 저렴합니다. 전기차가 처음 나왔을 때에는 사람들이 잘 사지 않았습니다. 충전 속도도 느리고, 먼 거리를 갈 수 없어 불편했기 때문이죠. 사람들이 전기차를 사지 않는다면 자동차 회사들이 전기차를 만들려 하지 않았겠죠? 그래서 전기차 구매자들에게 혜택을 주었습니다. 첫째, 전기충전요금 할인이죠. 둘째, 차를 구매할 때 '보조금'이란 걸 지급해줘요. 만약 차량의 가격이 6천만 원 미만인 경우 지자체별로 다르지만 약 천만 원 정도를 할인받게 되죠(2022년 기준 5천 5백만 원). 셋째, 공영주차장 이용 시 50% 할인이 됩니다. 넷째, 고속도로 통행료를 감면해줍니다. 다섯 번째, 차를 살 때 내야 하는 세금을 할인해줘요. 이런 혜택을 주는 이유는 차량 구매자들에게 부담을 줄여주고, 제조사에게 기술 혁신을 통해 차량 생산 가격을 내릴 수 있는 기회를 주기 위함입니다.

한 번도 만들어보지 않은 차를 만들 때에는 공장도 새로 지어야 하고, 기술도 새로 개발해야 합니다. 차량을 꽤 많이 생산하게 되면 그때부터는 차 가격을 좀 내려도 되겠죠. 그래서 정부에서 주는 보조금을 비롯한 할인 혜택은 해마다 줄어들게 돼요. 전기차 제조사들이 충분히 저렴하게 차를 만들 수 있다 생각하기 때문입니다. 앞으로는 매년 전기차 충전요금이 인상된다는 기사를 보게 될 겁니다.

운전을
안 해도 되는 차는
언제 나오나요?

 운전을 안 해도 되는 차는 언제 나오나요? 로봇이 운전하나요?

A 혼자 운행하는 차를 자율주행차라고 합니다. 지금도 가능합니다. 이미 자동차들은 고속도로를 달릴 때 운전자가 핸들에서 손을 놓아도 앞뒤에 있는 차량의 위치를 파악해서 속도를 내는 엑셀과 속도를 줄이는 브레이크, 차선을 유지하는 핸들, 이 세 개를 알아서 조절하고 있습니다. 물론 자동차 회사마다 자율주행 운영 방식의 차이

는 조금씩 있습니다. 주차도 마찬가지예요. 차에서 내린 다음에 주차 버튼을 누르기만 하면 옆의 차들과 간격을 조절한 후 정말 칼같이 주차를 해주죠. 차량을 호출하면 주차장에서 차 소유주가 있는 곳까지 알아서 오기도 하고요. 물론 차량 호출의 경우 아직까지는 야외 주차장에서만 하는 게 안전해요. 주차나 호출이나 사고가 날 위험이 항상 있어 조심해야 하죠.

바로 이 부분, '조심'이라는 점 때문에 여러 자동차 회사들은 반복적인 실험을 통해 자율주행 수준을 올리려 하고 있어요. 재미있는 사실은 이미 1995년에 미국도 아닌 우리나라에 자율주행차가 있었다는 겁니다(테슬라보다 30년 빨랐던 한국 자율주행차, 크랩 유튜브 채널). 아쉽게도 기술 개발이 계속 이루어지지 못했지만 차가 혼자 달리게 한다는 의미에서의 자율주행은 크게 어려운 일이 아니라는 거죠. 정말 중요한 건 사고가 나지 않게 하는 부분입니다. 생명과 관련 있기 때문이죠.

요즘 기사나 뉴스를 보면 '자율주행 1레벨', '4레벨 달성'과 같은 이야기를 봤을 거예요. 이게 무슨 이야기냐면 자동차가 혼자 달리기 위해서는 자동차 안에 들어 있는 컴퓨터가 스스로 판단해서 운전을 해야 하는데, 마치 게임에서 내 캐릭터가 레벨 업을 하듯 차량용 컴퓨터 역시 몇 개의 레벨을 정해서 점점 높은 단계로 가는 걸 목표로 한다는 의미예요.

단계별로 알아볼게요. 0단계는 그냥 운전자가 모든 걸 컨트롤하는 걸 말합니다. 눈으로 주변을 살피고, 손은 핸들을 잡고, 발로 악셀과 브레이크를 밟아 속도를 조절해야 하죠. 1단계는 운전자가 직접 운전을 해야 하지만 차량 속도에 따라서 앞뒤 간격을 맞추거나 핸들을 어느 정

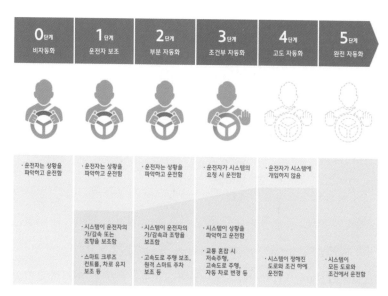

0단계 비자동화	1단계 운전자 보조	2단계 부분 자동화	3단계 조건부 자동화	4단계 고도 자동화	5단계 완전 자동화
·운전자는 상황을 파악하고 운전함	·운전자는 상황을 파악하고 운전함	·운전자는 상황을 파악하고 운전함	·운전자가 시스템의 요청 시 운전함	·운전자가 시스템에 개입하지 않음	
	·시스템이 운전자의 가/감속 또는 조향을 보조함 ·스마트 크루즈 컨트롤, 차로 유지 보조 등	·시스템이 운전자의 가/감속과 조향을 보조함 ·고속도로 주행 보조, 원격 스마트 주차 보조 등	·시스템이 상황을 파악하고 운전함 ·교통 혼잡 시 저속주행, 고속도로 주행, 자동 차로 변경 등	·시스템이 정해진 도로와 조건 하에 운전함	·시스템이 모든 도로와 조건에서 운전함

자율주행차의 단계별 수준

출처: 현대자동차 블로그

도 컴퓨터가 조종하는 단계입니다. 2단계에서는 운전자가 앞을 바라보며 계속 주의하되 특정 상황에서 손과 발을 떼도 됩니다. 이 단계부터 자율주행이라고 할 수 있어요. 하지만 여전히 차량 주행 시 사고에 대한 책임은 운전자에게 있죠. 3단계에서는 손과 발을 떼도 되고, 운전자의 시선도 자유롭습니다. 자동차가 알아서 차선을 바꾸고, 앞차를 추월할 수 있죠. 4, 5단계에서는 특별한 일이 생길 때에만 운전자가 차량을 제어하게 됩니다. 지금도 3단계까지는 가능하지만, 자동차 회사들은 2단계까지만 허용하는 편입니다. 왜냐하면 3단계에서 사고가 나면 자동차 회사의 책임이 될 수 있기 때문이죠. 자동차 사고가 나게 되면 운전자는 물론 같이 탄 사람들, 다른 차에게도 영향을 미치게 됩니다. 따라서 아

구글의 무인차 웨이모 출처: 웨이모 홈페이지

주 작은 사고라도 생기면 안 되기 때문에 조심할 수밖에 없는 기술이죠.

자율주행차는 현재 두 가지 방향으로 기술발전을 해나가고 있어요. 하나는 운전하는 사람이 아예 없고, 심지어 핸들도 없이 자동차가 스스로 운전하는 '무인차량'이죠. 이 분야의 선두주자는 구글의 자회사 중 하나인 웨이모예요. 이미 캘리포니아를 비롯한 몇 곳에서는 웨이모의 무인택시가 운행 중에 있습니다. 이와 반대되는 쪽은 '유인 차량'이에요. 언젠가 운전자는 아무것도 안 해도 되겠지만, 그럼에도 불구하고 '운전대는 있어야 한다. 가끔 사람이 운전을 하자'입니다. 사실 이 둘은 크게 다르지 않습니다. 다만 사람에게서 운전대를 뺏을 것이냐, 아니면 선택의 자유를 주어야 하느냐의 차이로도 볼 수 있답니다.

언제쯤 우리는 무인자동차, 자율주행차를 타게 될까요? 얼마 남지 않았습니다. 2025년 정도가 되면 대부분의 자동차 회사들은 운전자가 최대한 운전을 하지 않아도 되는 완전 자율주행차를 세상에 내놓을 계획을 가지고 있기 때문이에요.

가장 먼저 자율주행이 쓰이게 될 부분은 언제나 정해진 코스를 달리면 되는 셔틀버스 같은 차일 거예요. 장거리를 달려야 하는 화물트럭에도 쓰일 수 있겠죠. 이미 강남과 광교를 오가는 신분당선 지하철도 무인 지하철로 운영되고 있죠. 이걸 생각하면 됩니다.

모든 차들이 언젠가 자율주행차로 바뀌게 된다면 놀랄 만큼 교통 혼잡이 줄어들 거라 예상되고 있어요. 사람이 차를 운전하면 빠르게 운전하는 사람이 있고 느리게 운전하는 사람도 있지만, 모든 차가 자율주행을 하게 되면 모두 같은 속도로 움직이게 될 테니 앞차와 뒤차의 속도 차이로 인해 특정 구간에서 차가 몰리는 일도 줄어들게 될 테고, 무엇보다 교통사고도 줄어들게 되겠죠. 이 부분이 가장 기대되는 점이에요.

언젠가 우리가 살아가는 세상에서 사람이 운전하는 게 위험한 일이 될 수도 있겠죠. 소프트뱅크의 손정의 회장이 말했듯 과거에는 승마가 필수였지만 지금은 취미가 되었듯 운전도 취미가 될지 모릅니다.

전동킥보드가
궁금해요

전동킥보드는 왜 차도로 달리나요? 위험하지 않나요?

요즘 전동킥보드를 타는 사람들이 참 많아졌죠. 전동킥보드
는 킥보드에 배터리를 넣고 모터를 넣어서 전기의 힘으로 달리
게 만든 기기예요. 전기차는 차량 바닥에 배터리를 넣죠. 그럼 전동킥보
드는 어디에 배터리가 들어 있을까요? 바로 지지봉 안입니다. 그래서 앞
부분이 좀 무겁죠(바닥에 배터리가 있는 경우도 있습니다).

공유 전동킥보드

출처: 킥고잉

킥보드는 바퀴가 크거나 작거나, 아니면 반으로 접어서 가지고 다닐 수 있는 것 등 여러 종류가 있어요. 개인적으로 사서 가지고 다니는 사람들도 있지만 요즘은 공유 전동킥보드가 있어서, 길거리에 있는 아무 킥보드나 앱으로 승인받고 나서 가고 싶은 장소까지 타고 간 다음에 잘 주차해놓으면 알아서 결제가 되기 때문에 사람들이 많이 이용하죠.

그런데 이상하죠? 어릴 때 타고 다녔던 킥보드는 차도로 달리면 큰일 났는데, 전동킥보드는 차도로 다니는 경우가 많아요. 다들 불법을 저지르고 있는 걸까요? 아닙니다. 전동킥보드는 도로교통법상 사람이 다니는 인도로 달리면 안 됩니다. 오히려 도로로 달려야 하죠. 대신 가장 우측에 붙어서 달려야 합니다. 오토바이가 원칙적으로 인도로 달리면 안 된다는 걸 생각하면 돼요.

위험하지는 않을까요? 만약 자전거 도로가 있다면 자전거 도로로 달려도 괜찮습니다. 하지만 자전거 도로 역시도 도로관리청에서 일정 구간을 금지했다면 전동킥보드는 달릴 수 없어요. 이래저래 도로로 달리자니 자동차들이 빵빵거리고 인도로 달리자니 불법이라, 자전거 도로로만 달리는 게 안전하긴 하죠. 굳이 인도로 가야 한다면 내려서 끌고 가는 게 맞습니다.

2021년 상반기에는 도로교통법이 개정되었어요. 전동킥보드를 타는 게 위험하기도 하고 사고가 많이 나기도 하다 보니 헬멧을 쓰는 게 의무화되었죠. 이 때문에 요즘 공유 전동킥보드에는 헬멧이 달려 있는 경우가 많습니다. 도로를 달려야 하기 때문에 아무나 탈 수는 없고 '원동기 장치 자전거 이상 면허 소지'를 한 사람만 탈 수 있어요. 원동기 면허는 오토바이 면허와 같은데 만 16세 이상 되어야 취득할 수 있습니다. 그러면 초등학생들이나 중학생들은 전동킥보드를 타면 안 되는 건가요? 네, 안 됩니다. 단속 대상이죠. 편하게 이용하려고 만든 전동킥보드인데 왜 단속까지 하는 걸까요? 중고등학생들은 타지도 못하게 말이에요. 이유를 한마디로 정리하면, 위험하기 때문입니다.

2021년 10월 말 헬멧 없이 전동킥보드를 탄 한 고등학생이 전신주에 충돌해서 사망한 일이 있었어요. 2020년에만 삼성화재 측에 접수된 전동킥보드 관련 사고 수는 1,400건이 넘지요. 달리는 자동차와 부딪히면 … 상상도 하기 싫네요. 이 때문에 규정이 강화된 겁니다. 만약 면허가 없는데 전동킥보드를 타다가 적발된다면 20만 원 범칙금이 부과되죠. 어린이가 운전했다면 보호자가 20만 원 과태료를 내게 됩니다. 혼자 타야 하는데 둘이 탄 경우에도 20만 원이고, 안전모 미착용 시엔 20만 원을 내야 하죠. 술을 마시지 않고 타야 하는 건 당연한 일이고요.

법이 너무 과하다는 이야기도 있지만 안전을 위해서는 어쩔 수 없는 일이에요. 제일 좋은 건 자전거 도로가 일반 도로와 명확하게 경계석으로 구분되어 조금 더 안전하게 달릴 수 있게 만들어지는 건데 쉬운 일은 아닙니다. 자전거를 타는 사람들도 달가워 하지 않죠.

한 가지 문제가 더 있어요. 아무 곳에서나 주차할 수 있다는 편리함 때문에 아무 곳에서나 방치되는 문제가 생긴다는 겁니다. 자전거 도로를 떡하니 가로막고 세워놓기도 하고, 인도 가운데 세워놓아서 통행에 불편을 주기도 하죠. 골목에 두는 경우도 있어서 자동차가 나오다가 부딪히는 경우도 있고 사람이 넘어지는 경우도 빈번히 발생합니다. 이 때문에 전동킥보드 전용 주차장이 생기기도 했지만, 법적 강제는 아직 없습니다. 만약 정해진 곳에서만 반납해야 한다면 그것도 '아무 곳에서나 타고 내릴 수 있다'는 공유 전동킥보드의 가장 큰 장점이 사라지기 때문에 정부에서도 쉽게 결정을 내리지 못하고 있는 상황입니다.

그러니 전동킥보드를 탈 때는 꼭 안전하게 타고, 주차할 때도 다른 사람을 배려하는 게 중요합니다. 어떤 방향으로 법이 정해지더라도 중요한 건 안전이니까요.

하늘을 나는
자동차는
언제 나오나요?

 하늘을 나는 자동차는 언제 나오나요? 어디서 탈 수 있나요?

A 놀랍게도 이미 나와 있습니다. 2021년 6월 클라인 비전이 만든
에어카Aircar가 니트라 국제공항과 브라티슬라바 국제공항 사
이를 35분 동안 비행하는 데 성공했어요.

도로도 달릴 수 있고 하늘도 날 수 있으니 '하늘을 나는 자동차'가 틀
림없는데 조금 모양이 이상하죠? 이유는 두 가지예요. 자동차가 변신하

클라인 비전의 Air car 출처: BBC 코리아

는 모습이 멋있긴 한데 우리가 생각하는 자동차의 모습이 아니라 좌석이 앞에만 있는 비행기에 더 가까운 모습이기 때문이죠. 또 다른 이유는 도로를 달린 게 아니라 공항의 활주로를 달렸다는 거예요. 비행기처럼 하늘로 날아오르기 위해서는 빠른 속도로 달려야 할 직선도로가 필요했기 때문이죠. 좌석이 앞에만 있는 이유는 나머지 부분이 비행기로 변해야 하니 뒤 공간에 좌석을 두지 않는 거예요.

이렇다 보니 평소에는 도로를 달리다가 막히면 스윽 하고 하늘로 날아오르는 자동차를 생각했던 우리의 예상과는 차이가 크죠. 언젠가는 가능할 수 있겠지만, 아직은 아닌 것 같아요.

그렇다면 2025년부터 탈 수 있다고 하는 '에어택시'는 어떤 걸까요? 이것도 활주로에서 하늘로 날아오르는 걸까요? 하늘을 나는 '플라잉카'는 크게 두 가지 형태로 발전하고 있어요. 하나는 앞에서 이야기한 에어카 혹은 플라잉카라는, 네 바퀴로 달리는 자동차에서 변화시키는 형태예요. 또 다른 하나는 요즘 에어택시라고 불리는 '드론' 형태입니다. 드론은 보통 쿼드콥터라고 해서 헬리콥터의 프로펠러와 같은 날개가 네 개 달린 기체를 말합니다(4개라서 쿼드예요). 가장 큰 장점은 에어카에 비해 길이가 짧고, 드론 방식으로 지상에서 하늘을 수직 이륙하기 때문에 활주로가 필요하지 않다는 점이죠. 에어택시는 전문용어로 UAM_{Urban Air Mobility} 즉, 도심항공교통이라고도 해요. 그래서 플라잉카보다 에어택시가 더 빠르게 현실화될 거라 보고 있습니다.

국내에서는 현대자동차, 한화 같은 회사들이 뛰어들어 개발하고 있고, 해외에서는 중국의 이항_{EHang}이 제일 빠른 속도로 개발하고 있습니다. 프랑스는 2024년 파리 올림픽 때 에어택시를 선보이겠다고 했죠.

실제로 우리가 하늘을 나는 차를 탈 수 있는 시기는 2025년부터라고 보고 있어요. 다만 모두가 쉽게 탈 수 있다기보다 그때부터 조금씩 사람들이 이용하게 될 거라고 생각해야겠습니다. 구간은 김포공항에서 강남의 삼성역이나 잠실까지 운행이 먼저 진행될 예정이고요.

그런데 왜 하늘을 나는 자동차를 개발하려고 하는 걸까요? 모든 사

드론택시
출처: 국토교통부

람이 하늘로 날기 시작한다면 하늘도 교통이 막힐 테고, 사고라도 나면 지상에 있는 사람들이 큰 피해를 보게 될 텐데요? 바로 이동 속도 때문입니다. 그래서 공항에 도착한 후 막히는 시내가 아니라 하늘을 통해 이동하게 하려는 거죠. 처음에는 안정성 문제 때문에 타려고 하는 사람들은 별로 없을 거예요. 금액도 비쌀 게 분명하죠. 하지만 급하게 이동해야 하는 직장인들이라면 선호할 수 밖에 없을 겁니다.

앞에서 에어택시가 드론을 닮았다고 했죠? 이건 장점인 동시에 단점이 될 수도 있어요. 초소형 드론이라 해도 하늘로 띄우게 되면 정말 소리가 크죠. 에어택시도 마찬가지입니다. 에어택시의 가장 큰 숙제는 다름 아닌 소음을 줄이는 일이에요. 김포공항에 갈 일이 있다면 이착륙장이 만들어지고 있는 것도 함께 확인해보세요.

전동킥보드

전동킥보드는 어디든 쉽고 편하게 이동할 수 있게 해주는 개인화된 탈 것이죠. 너무 좋은 서비스인데 안전을 위해서는 지켜야 할 것들이 많습니다. 너무 많은 킥보드가 거리

에 가득한 것도 문제죠. 제대로 주차를 해놓지 않다 보니 발생하는 문제들도 있어요. 이런 문제점들은 어떻게 해결할 수 있을까요?

- 주차 문제를 생각해보세요. 아무 곳에서나 타고 반납할 수 있다는 게 장점인데, 점점 아무 곳에나 주차해놓은 전동킥보드들이 문제가 되고 있습니다. 어떻게 해결할 수 있을까요?

- 안전 문제도 있어요. 아무리 자발적 참여를 권장하거나, 벌금을 강화한다 해도 법을 안 지키는 사람은 있을 수밖에 없습니다. 어떻게 해야 안전하게 전동킥보드를 타는 문화를 만들 수 있을지 고민해보세요.

새로운
돈의
시대

비트코인이
뭐예요?

Q 요즘 여기저기서 코인이란 이야기가 들려옵니다. 그런데 비트코인이 뭐예요?

A '비트코인'을 한마디로 이야기하면 사이버 머니입니다. 그러니까 현금이 아닌 가상의 돈이죠. 〈리니지〉 게임에는 아덴이 있고, 〈제페토〉에는 젬, 〈로블록스〉에는 로벅스가 있죠. 디지털로 된 모든 돈을 사이버 머니라고 할 수 있습니다. 그런데 요즘 지폐와 동전을 가지

고 다니는 경우가 많지 않죠. 용돈을 받을 때조차 현금을 받는 게 아니라 사이버 머니로 받습니다. 그럼 현금은 로벅스와 무슨 차이가 있을까요?

돈을 만들고 유통하는 주체가 다릅니다. 누구나 돈을 찍어내는 걸 위조라고 해요. 위조지폐를 방지하기 위해 돈은 한국은행에서만 발행할 수 있습니다. 가상의 돈은 회사들이 관리합니다. 리니지의 아덴은 엔씨 소프트가, 로벅스는 로블록스에서 관리하죠. 그럼 비트코인은 누가 관리할까요? 비트코인은 아무 데서도 관리하지 않아요. 신기하죠? 비트코인은 2008년에 등장했는데요. 비트코인을 다른 말로 암호화폐라고 합니다. '암호'라는 말의 핵심은 비밀이란 뜻이죠. 누가 누구한테 돈을 보내는지 비밀로 지켜준다는 걸 의미해요. 누가 비트코인을 만들었는지조차도 비밀이에요. 사카시 나카모토라는 사람이 만들었다고 하지만, 이름만 알려져 있지 그게 본명인지 아닌지, 누구인지 아무도 모릅니다.

비트코인을 이해하기 위해서는 블록체인을 알아야 합니다. 이렇게 생각해볼게요. 우리는 은행에 가서 돈을 맡기거나 돈을 빌립니다. 이때 은행은 누구와 거래를 했다는 걸 증명하기 위해서 '거래 장부'라는 걸 보관하죠. 이 거래 장부가 도난당하면 큰일이에요. 그래서 은행은 거래 장부를 단단한 금고에 보관하고 힘센 경비병들을 고용해 지키게 합니다. 지금은 모든 게 인터넷으로 처리되다 보니 보안은 튼튼한 서버로 대체됐죠.

그런데 문제가 있어요. 아무리 이렇게 해도 불안합니다. 천재 해커가 등장해서 해킹할 수도 있는 거니까요. 여기서 생각할 게 하나 더 있어요. 은행에 돈을 맡기면 이자를 받는데 이 이자는 항상 적어요. 그리고 은행에서 돈을 빌리면 이자를 내야 하는데. 이 돈은 항상 비싸죠. 왜 그럴까요? 은행이 수익을 내야 하기 때문입니다. 또 하나 다른 문제가 있어요. 은행이 어려워지면 정작 돈이 필요한 사람들에게 돈을 빌려줄 수 없다는 겁니다. 2008년 미국 금융위기때 실제로 이런 일이 있었죠.

사카시 나카모토는 다른 방법을 제안했어요. 아예 은행과 같은 금융기관 없이 개인과 개인들이 장부를, 모두가 모두의 장부 내역을 가지고 있으면 어떻겠냐는 거였죠. 예를 들어 A라는 사람과 B라는 사람이 계약을 하면 둘이 계약서를 나눠 가지게 됩니다. 이번에는 A와 C가 계약을 해요. 보통 계약 당사자들만 계약서를 나눠 가지기 때문에 둘만 가지면 되는데, 사카시 나카모토는 이때에도 AB의 계약서 뒤에 ABC라고 한 장의 계약서를 더 붙여서 A와 B와 C 모두가 계약서를 가지게 합니다. D가 또 계약을 한다면 ABCD란 계약서를 모두가 가지게 되죠. 이처럼 계약서가 뒤에 이어져서 붙여지는 모습을 레고 블록 쌓는 것과 같다고 해서 블록이란 이름이 붙여졌고, 모든 사람들의 거래가 이어져 있다는 점에서 체인이 붙어, 이 둘을 합쳐서 블록체인이라고 합니다.

이런 거래들은 사람과 사람이 직접 만나서 하는 게 아니라 컴퓨터가 합니다. 은행이나 금융기관 같은 중앙기관도 없는데 어떻게 컴퓨터가 업무 수행을 할까요? 바로 사람들이 각자의 컴퓨터를 써서 비트코인 거래에 참여하는 겁니다. 자발적으로 참여하는 사람들이 많으면 많을수록 좋겠죠. 그런데 이걸 돈도 안 받고 무료로 참여하게 할 수는 없겠죠.

암호화폐의 대표주자 비트코인   출처: 픽사베이

그래서 참여한 사람들에게 보상으로 지급한 게 비트코인입니다. 2008년에 사람들이 비트코인을 받았지만 정작 쓸 데가 없었어요. 돈이라는 건 누군가가 가치를 인정해줘야 하는데, 편의점이나 문구점에서 물건으로 바꿔주지 않으면 아무짝에도 쓸모없게 되죠.

　과연 비트코인으로 현실 세계의 물건을 살 수 있을까요? 많은 사람들이 궁금했을 때 어느 프로그래머가 피자 두 판을 1만 비트코인에 사겠다고 게시판에 글을 올렸습니다. 어떤 사람이 피자를 보냈고 1만 비트코인을 받았죠. 당시 1만 비트코인은 40달러, 우리나라 돈으로 5만 원 정도밖에 되지 않았어요. 이 첫 거래를 기념해서 5월 22일을 비트코인 데이라고 합니다. 그런데 지금 1비트코인이 얼마일까요? 지금은 5천만 원에서 8천만 원 사이랍니다. 그렇다면 1만 비트코인이라면 어마어마한 금액이죠.

하나 의문이 생길 겁니다. 왜 비트코인은 이렇게 높은 가격을 가지고 있는 걸까요? 그건 희소성 때문이에요. 사토시 나카모토는 참여하는 모든 사람에게 무제한으로 비트코인을 지급한 게 아니라 점점 줄어들게 만들었어요. 전체 비트코인은 250만 개로 정해져 있습니다. 게다가 거래에 참여하는 사람이 많아지면 많아질수록 더 많은 컴퓨팅 파워를 제공해야만 비트코인을 받을 수 있어요.

컴퓨팅 파워는 이런 거예요. 처음에는 일 더하기 일 수준의 아주 쉬운 문제만 풀어도 100개의 비트코인을 받을 수 있었는데, 점점 문제가 어려워지면서 대학교 수학 수준의 문제를 풀어도 비트코인을 1개를 받을 수 있을까 말까 합니다. 더 많은 컴퓨터가 필요해지죠.

비트코인의 양이 정해져 있다 보니 비트코인을 '금광'에 묻혀 있는 '금'에 비유합니다. 그래서 비트코인을 얻는 걸 '채굴'이라고 표현하죠.

예전에는 집에 있는 가정용 컴퓨터로도 채굴을 해서 비트코인을 얻을 수 있었지만, 지금은 한 대의 컴퓨터로는 채굴이 불가능할 정도가 됐어요. 그래서 한참 비트코인이 인기였을 때에는 수백 대의 컴퓨터를 연결해서 하루 종일 비트코인만 얻을 수 있게 하는 '채굴장'이라는 공간들도 있었죠. 출제 문제는 계속 바뀌는데 문제를 제일 먼저 풀어낸 하나의 컴퓨터만 비트코인을 받고 나머지 컴퓨터들은 받지 못합니다. 이렇게 되니 투자한 컴퓨터의 가격과 전기세 이상의 비트코인을 얻지 못하면 손해를 보게 되죠. 더군다나 한 번에 여러 대의 컴퓨터가 쓰이기 때문에 컴퓨터에서 나오는 열도 엄청납니다. 이 때문에 컴퓨터를 식히기 위해 거대한 냉각팬을 추가로 설치하거나, 호수나 바닷물을 끌어와서 냉각수로 만들어 식히기도 하죠. 그래서 한때 채굴장들은 전기세가 저렴한 장소를 찾아서 수력발전소 옆이나 아파트형 공장 쪽에 많이 생겼었습니다.

이런 방법은 문제가 있어요. 정부에서는 기업들에게 일반 가정에서 쓰는 비용보다 저렴하게 전기세를 부과합니다. 이건 그만큼 기업이 사람들을 고용해서 일자리를 창출하고 물건을 만들어 팔거나 서비스를 통해 서로 이득이 되게 하기 위함입니다. 그런데 가상화폐를 얻기 위한 컴퓨터(채굴기)는 채굴업을 하는 사람이 돈을 번다는 것 외에는 다른 사람들에게 혜택을 주는 게 없습니다. 그래서 각 정부 차원에서 대규모 채굴장들을 법으로 금지하는 경우가 많아졌습니다. 지금은 몇몇 작은 채굴장들만 남아 있죠.

비트코인 외에 다른 코인들도 있어요. 블록체인 방식을 적용하면 되기 때문에 수많은 회사들이 유사 코인을 만들었죠. 아무런 목적없이 돈을 벌기 위한 코인도 있고 사기도 일어났습니다. 언젠가 우리가 사용하는 모든 현금이 사이버 화폐로 대체될 수도 있겠지만 코인은 항상 조심해서 지켜봐야 한다는 것 잊지 마세요.

NFT가
뭐예요?

Q NFT가 뭐예요? 13살 소년이 NFT로 만든 그림을 팔아서 부자
가 되었다는 이야기가 있던데요.

A 음, NFT는 앞에서 이야기한 비트코인보다 좀 더 어려운 개념
인데 최대한 쉽게 설명해볼게요. NFT는 대체불가토큰이라고
해요. 예를 들어볼게요. 인터넷을 하다가 멋진 그림을 하나 발견했어요.
학교에서 발표할 때 쓰고 싶은데 어떻게 하면 될까요? 아마 여러분은

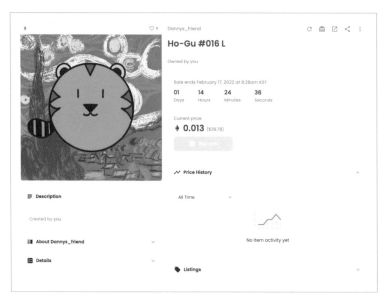

오픈씨에서 판매 중인 NFT

망설임 없이 다운을 받거나 스크린 캡처를 할 거예요. 이럴 때 문제가 되는 건 저작권이죠. 저작권은 앞서도 얘기했듯, 그림에 대한 권리를 가진 사람에게 허락을 받거나 정당한 돈을 지불하고 사용하는 걸 말해요. 여러분이 디즈니의 미키마우스를 여러분의 블로그에 올렸다고 해도 디즈니에서 그러면 안 된다고 하면 블로그에서 사진을 삭제해야 해요. 미키마우스와 똑같은 인형을 만들어서 팔아도 법적으로 문제가 될 수 있죠. 그런데 이건 큰 회사일 때 이야기고요.

　반대로 생각해볼게요. 여러분이 그림을 잘 그린다고 해볼게요. 여러분이 그린 그림을 다른 사람들이 마음대로 가져다가 사용하기 시작합니다. 처음에는 괜찮을 거예요. 그만큼 여러분의 그림이 인정받기 시작했다는 걸 뜻하니까요. 아무 문제가 없죠. 그런데 어떤 사람이 여러분의 작품을 돈 받고 팔기 시작해요. 어라? 이건 좀 아니죠? "이건 제가 그런 건데요?"라고 아무리 얘기해도 상대방은 자신의 것이라고 주장합니다. 이럴 땐 어떻게 해야 할까요? 법적으로 따져서 정말 주인이 누구인지를 가려낼 수 있지만, 대부분의 법적 문제는 돈도 시간도 많이 들어갑니다. 만약 상대가 부자이거나 큰 기업이라면 억울하게도 여러분은 자신의 작품을 빼앗길 수도 있죠.

바로 이 부분에서 NFT가 힘을 발휘합니다. NFT는 이렇게 이해하면 쉽습니다. 사진이나 그림, 영상, 음악 등 디지털로 된 모든 파일에 블록체인을 적용시킵니다. 앞에서 블록체인 방식은 절대로 위조되거나 변조되지 않는다고 했죠? 이 파일은 누가 주인이라는 절대로 지워지지 않는 인증을 남기게 됩니다. 물론 실제 인증은 아니고, 모든 건 '코드값'으로 존재하죠.

여러분이 TV나 스마트폰 등 어떤 물건을 사면 그 물건이 진짜라는 '품질 보증서'를 받게 됩니다. 그런 의미로 NFT는 디지털 품질 보증서이자 원본 증명서라고 부릅니다. 이렇게 되면 여러분의 작품을 다른 사람들에게 빼앗기는 일이 없게 되겠죠. 디지털 파일 즉, 작품을 NFT로 만드는 걸 '민팅'이라 하는데요. 그렇다면 민팅한 작품은 다른 사람들에게 어떻게 판매하는 걸까요?

이건 일반적인 쇼핑몰을 생각하면 쉬워요. 에어팟을 사기 위해 네이버에서 검색한다고 가정해볼게요. 검색어를 입력하면 수많은 쇼핑 사이트가 나타나고 그중 하나를 선택해서 리뷰를 꼼꼼히 읽어본 다음 구매를 하죠. 이때 여러분의 통장에서 돈이 빠져나가지만 그 돈이 판매자에게 바로 입금되지는 않아요. 혹시라도 물건이 제대로 도착하지 않을 수도 있으니 네이버에서 돈을 가지고 있다가 구매자가 확정을 해주면 그때 판매자에게 돈을 보내주죠. 이를 '에스크로'라 합니다.

이처럼 NFT로 만들어진 작품들은 일대일로 누군가와 만나서 거래를 할 수도 있지만, 대부분의 경우 NFT가 모여 있는 거래소에서 구매와 판매가 이루어져요. 거래소는 복잡한 코딩을 할 필요 없이 여러분이 가진 디지털 파일을 블로그에 사진 올리듯 업로드하고 제목과 설명, 가격을 입력하면 판매 상품으로 등록해줍니다.

판매가 되면 수수료를 지불하게 되고, 나머지 금액이 판매자에게 입금되죠. 다만 수수료는 거래소마다 다릅니다. 작품을 올릴 때에도 수수료를 받는 곳들도 있으니 이건 확인해봐야 해요. 거래소를 통해서 주고받는 돈도 암호화폐를 쓰는 경우도 있고, 카드 결제로 받는 경우도 있습니다. 이것도 NFT 판매소마다 규정이 다릅니다.

자신의 작품을 판매하는 게 아니라 희귀 카드를 수집하는 NFT 거래소도 있죠. 만약 여러분이 NBA 농구나 야구 메이저리그를 좋아한다면 분명 좋아하는 선수도 있겠죠? 그 선수들의 경기 명장면을 한 장의 NFT 카드로 만들어서 판매하기도 합니다. 나중에는 여러분이 혹시 어렸을 때 가지고 있던 유희왕 카드나 포켓몬스터 카드 중에서 슈퍼레어 카드들이 NFT로 거래될지도 모르는 일입니다. 그렇다고 해서 '내 그림도 팔아서 부자가 돼야겠어!'라며 성급히 뛰어드는 건 위험한 일입니다.

NFT는 디지털로 만들어진 모든 것들에 주인을 찾아주는 서비스다, 딱 여기까지만 먼저 이해하면 좋겠습니다.

간편결제가
뭐예요?

Q 간편결제가 뭐예요? 편의점 앞에 카카오페이나 네이버페이로 결제하면 할인된다는 글이 보이는데요. 간편결제와는 다른 건가요?

A 결론부터 이야기하면 페이는 간편결제와 같은 말이라고 생각하면 돼요. 원래 페이가 지불하다는 뜻을 의미하기 때문입니다. 우리가 물건을 살 때나 팔 때, 일을 한 대가로 돈을 받을 때 모두 '현

네이버페이 포인트 결제 안내　　　　출처: 네이버페이 사이트

금'으로 거래가 이루어집니다. 2000년대 초반까지만 해도 사람들은 지폐와 동전을 많이 가지고 다녔어요. 지폐와 동전은 한국은행에서만 만들 수 있습니다(다른 누군가가 만들면 위조범이 돼요. 심각한 범죄죠). 이를 '발행'이라고 해요. 그런데 현금을 가지고 다니는 건 좀 귀찮은 일이에요. 동전이 주머니에서 짤랑거리고, 돈을 지갑에 넣어 가지고 다녀야 하니 바지 주머니가 두툼해지죠. 버스나 지하철을 놓치지 않으려고 뛰다가 동전을 쏟는 일도 꽤 많았어요. 어릴 때 용돈으로 동전을 받아서 돼

지 저금통을 채우던 기억들도 있을 거예요.

이렇게 돈은 들고 다니기도 귀찮습니다. 집에 돈을 모아놓으면 자칫 도둑맞을지도 모른다는 생각에 항상 불안하기도 하죠. 그래서 우리는 돈을 은행에 맡겨놓고 필요할 때마다 ATM 기계로 찾아서 씁니다. 가게 주인들도 마찬가지예요. 우리가 음식을 사 먹거나 물건을 살 때 가게 주인들은 현금을 받는데, 이 현금을 주로 보관하지 않고 은행에 맡기죠.

이처럼 우리의 돈은 대부분 은행에 있어요. 필요할 때 은행에서 출금해서 물건을 사고, 돈이 생기면 은행에 입금하죠. 그렇다면 물건을 살 때마다 귀찮게 출금하는 일 없이, 구매자 통장에서 판매자의 통장으로 직접 돈을 보낼 수는 없을까요? 바로 이 부분을 해결하기 위해 등장한 게 '카드' 서비스입니다. 카드를 착 내밀어서 결제를 하거나 카드 번호를 입력해 온라인으로 결제하면 통장에서 돈이 빠져나가죠.

카드는 두 종류로 나뉩니다. 하나는 직불-체크카드고, 다른 하나는 신용카드예요. 직불-체크카드는 결제하는 즉시 연결된 통장에서 돈이 빠져나가죠. 신용카드는 미리 카드사가 물건값을 대신 내주고, 카드 사용자는 매달 정해진 날짜에 그 돈을 갚아야 합니다. 그래서 카드값을 메꾼다는 표현은 다음 달에 내야 하는 카드 값을 통장에 미리 넣어두는 걸 말합니다.

그렇다면 간편결제는 뭘까요? 말 그대로 결제를 간편하게 만든 걸 이야기해요. 예전에는 온라인에서 물건을 사기 위해서는 공인인증서를 실행해 비밀번호를 입력하거나, 카드번호 입력창에 카드번호와 유효기간, 비밀번호 등을 입력해야 했어요. 상당히 불편했죠.

간편결제는 미리 우리의 카드번호와 결제 비밀번호 등의 정보를 저장해두고, 비밀번호 입력이나 패턴 입력, 얼굴인식 등 개인이 맞다는 걸 확인하면 추가 정보 입력 없이 바로 결제되는 걸 의미하죠. 보통 온라인에서 물건을 살 때 많이 사용해요.

세계적인 이커머스 기업 아마존은 '원클릭'이란 서비스를 특허로 가지고 있는데, 이 원클릭은 한 번 카드 정보와 주소를 입력해놓으면, 다음에 물건을 구매할 때 처음에 입력된 카드로 결제되고 주소로 배송되는 편리한 서비스예요.

고객이 편하게 결제할 수 있다면 그만큼 물건을 장바구니에 담아놓고서 고민하다가 취소하는 시간도 줄일 수 있겠죠? 이 때문에 온라인 쇼핑몰을 하는 회사들은 저마다 간편결제 시스템을 운영하고 있어요. 그런데 이름을 '삼성 간편결제'라고 하면 너무 길고 멋도 없으니 대신 '삼성페이'라고 이름을 붙인 거죠. 덕분에 신세계의 SSG페이, 롯데의 L(엘)페이, 네이버페이, 카카오페이, 삼성페이 등 정말 다양한 페이들이 출시되었습니다. 이런 페이들은 처음에는 결제하면 통장에서 돈이 빠져나가게 하거나 우리가 갖고 있는 다른 카드와 연결해서 카드 결제가 되도록 하는 중개 역할만 했었어요. 하지만 이제는 페이 서비스에 미리 돈을 충전해두고 결제하는 방식을 권하고 있죠.

오프라인 간편결제는 '모바일 결제'라고 불립니다. 현금이나 카드 없이 스마트폰만 있으면 쉽게 결제가 되는 서비스를 뜻하기 때문이에요. 우리에게 가장 익숙한 서비스는 삼성페이일 거예요. 삼성페이는 삼성 갤럭시폰에서 사용할 수 있죠. 삼성페이를 켜고 매장의 카드 결제기에

쓱 대기만 하면 결제가 됩니다.

네이버페이나 카카오페이 같은 경우에는 앱을 실행한 다음에 QR코드나 바코드를 인식하면 결제가 됩니다. 만 14세 이상이면 발급받을 수 있기 때문에 사용하는 사람들이 점점 늘고 있어요. 정부에서 추진하고 있는 제로페이나 지역화폐 모두 같은 방식으로 결제 시장을 바꾸어가고 있죠.

이렇게 사람들이 간편결제를 많이 쓰다 보면 현금을 사용하는 일은 점점 줄어들게 되겠죠. 한국은행은 이미 동전 없는 사회를 만들어가고 있고, 현금 없는 사회를 만들려고 하고 있어요. 동전과 현금을 발행하는 비용만 일 년에 800억 원 정도가 들었으니 실제 쓰이지 않는 비용에 큰돈이 낭비된 셈이었죠. 이 비용을 절약하면 다른 좋은 곳에 쓸 수 있게 될 테니까요.

더 나아가 세계 각국 은행들은 민간에서가 아닌 정부에서 직접 발행하는 간편결제를 만드는 방법을 추진하고 있어요. 이를 CBDCCentral Bank Digital Currency라고 하는데, 곧 다가올 미래에는 스마트폰에 한국은행 어플을 설치하면 어플에서 직접 송금하거나 결제할 수 있게 될 거예요. 은행은 물론 각 카드사와 금융회사들이 어떻게 변할지는 아무도 모르는 일이죠. 그러니 앞으로 편의점에 가게 되면 각각 페이 별로 어떤 혜택이 있는지 유심히 보고, 기회 삼아 결제도 한번 해보세요.

NFT

자신의 그림을 NFT로 만드는 건 블로그에 사진을 올리는 것처럼 쉽습니다. 여러분이 그린 그림, 찍은 사진들을 한번 NFT로 만들어보세요. 그런데 누구나 올릴 수 있다는 건 자신의 작품뿐 아니라 다른 사람의 작품도 올릴 수 있다는 이야기가 됩니다. 그렇다면 문제가 될 수 있겠죠.

- 내 작품이 아니라 다른 사람들의 그림을 마치 내 것처럼 NFT로 만들어 판매하면 어떤 문제가 발생하게 될까요?
- NFT를 발행하게 되면 졸업증명서, 성적증명서, 취업증명서 등 다양한 문서들을 절대로 위조할 수 없게 됩니다. 이외에 어떤 분야에 또 쓰일 수 있을까요?

새로운
마켓의
시대

새벽배송은
어떻게
이루어지나요?

Q 새벽배송은 어떻게 이루어지나요? 예전에는 택배를 시키면 2박 3일은 걸렸는데 요즘에는 주문하면 다음 날 아침에 문 앞에 도착해 있어요. 어떻게 가능한가요?

A 어떤 택배든 보통 주문하고 3일이 지나야 받을 수 있죠. 조금 더 빠른 경우도 있고 느린 경우도 있긴 하지만요. 점점 빨라지면서 새벽배송이나 샛별배송 같은 빠른 배송 서비스들이 나오기 시작했

죠. 밤 12시 전에 주문하면 다음날 새벽 6시쯤 물건이 문 앞에 도착해 있는 놀라운 시대가 됐어요. 어떻게 이런 일이 가능하게 된걸까요?

　이런 일이 어떻게 가능한가를 알기 위해서는 먼저 이런 일이 왜 불가능한지부터 이해해야 할 것 같아요. 우리가 주문하는 물건들은 집 근처에 있는 창고에서 출발하는 게 아닙니다. 정말 많은 물건들이 산더미처럼 쌓여 있는 물류센터라는 곳에서 출발하죠. 물류센터는 대부분 도심이나 주택가와는 꽤 떨어진 곳에 있어요. 가까운 곳에 있으면 좋겠지만, 땅값도 비싸고 사람들의 반대도 심하기 때문에 멀리 위치할 수밖에 없죠. 하루 종일 거대한 화물 트럭이 집 앞을 다닌다고 생각해보세요. 소음도 매연도 장난 아니겠죠? 그래서 사람들이 반대합니다. 일단 물류센터는 먼 곳에 있다, 이거 하나만 기억해주세요.

처리점소	전화번호	구분	처리일자	상대점소
SLX(파주)센터	SLX(파주)센터(--)	집화처리	2021-11-30 16:57:00	
옥천Hub	옥천Hub(--)	간선하차	2021-12-01 06:53:38	옥천Hub
옥천Hub	옥천Hub(--)	행낭포장	2021-12-01 06:57:03	
옥천Hub	옥천Hub(--)	간선하차	2021-12-01 06:59:57	옥천Hub
옥천Hub	옥천Hub(--)	간선하차	2021-12-01 07:03:43	옥천Hub
옥천Hub	옥천Hub(--)	간선상차	2021-12-01 07:07:28	기흥BSub
기흥B(--)	기흥B(--)	간선하차	2021-12-01 12:24:08	옥천Hub
기흥B(--)	기흥B(--)	간선하차	2021-12-01 12:25:06	기흥BSub
상현집배점	상현집배점(031-282-1295)	배달출발	2021-12-01 14:35:55	

택배 조회를 해보면 왼쪽 페이지 그림처럼 대부분의 택배가 Hub(허브)라는 곳과 Sub(서브)라는 곳을 거친다는 것을 알 수 있습니다. 택배를 분류하는데 여기서 꽤 많은 시간이 소요되지요.

CJ 대한통운 택배 옥천 Hub터미널 위치

출처: 네이버 지도

옥천Hub의 위치를 검색해보니 대전 근처라고 나오네요. 서울에 있는 판매자가 같은 서울에서 주문한 구매자에게 상품을 발송하면 같은 지역에 있으니까 하루도 지나지 않아 배송받을 수 있을 것 같습니다. 하지만 그렇지 않아요. 굳이 대전 근처에 있는 옥천Hub를 거쳐서 다시 서울로 이동하죠. 이상하죠?

허브는 '연결하다'는 뜻이에요. USB 허브라고 하면 여러 개의 USB

를 꽂는 장치를 말하는 것처럼요. 옥천Hub는 서울 외에도 각 지역에서 보낸 물건들이 모이는 장소를 말합니다. 택배가 한두 개라면 바로바로 처리가 가능하겠지만, 몇만 개나 되는 택배를 일일이 처리하기에는 많은 시간이 걸리겠죠. 그래서 일단 허브로 다 모아놓고 분류작업을 하는 겁니다. 예를 들어 서울로 가는 택배들끼리, 부산으로 가는 택배들끼리 분류해서 차에 실어 그 지역으로 보내는 거죠. 서브는 그 중간 단계에 있는 허브를 이야기해요. 좀 더 작은 규모라 생각하면 되는데, 물건들을 모아서 각 허브로 보내거나 허브에서 보내진 물건들이 쌓이는 곳이죠.

그렇다면 쿠팡 새벽배송은 어떻게 빠르게 배송을 하는 걸까요?

시간	현재위치	배송상태
2021.12.03 23:25	용인2(경기)	캠프도착
2021.12.04 01:08	용인2(경기)	배송출발
2021.12.04 01:10	용인2(경기)	배송출발
2021.12.04 06:07	용인2(경기)	배송완료

위 그림에서 보듯, 이동 경로에 Hub가 없습니다. 각 지역의 고객이 주문할 물건들을 미리 근처 창고에 쌓아놓고 배송하기 때문이에요. 이렇게 되면 허브로 물건을 보내서 다시 분류하고 보낼 필요가 없게 되죠. 예를 들어 새로운 아이폰이 우리나라에서 출시되면 쿠팡에서 사전 예약을 받습니다. 사전 예약을 받게 되면 어느 지역에 얼마나 많은 사람들

이 주문했는지 미리 정보를 얻을 수 있기 때문에 창고에 미리 보내놓고 약속한 날짜에 배송을 하는 거죠. 새벽 배송은 어떨까요? 역시 미리 준비한 상품들을 즉시 배정해서 새벽에 배송이 되도록 합니다. 이를 위해서는 실시간으로 들어온 주문을 바로 처리해야 하는데, 바로 이 부분에 인공지능과 빅데이터가 쓰이게 되죠. 어떤 지역에서 많이 주문할 것 같은 물건이라면 미리 예측해서 창고에 쌓아두는 겁니다.

어떤가요? 우리가 일상에서 쉽게 주문하는 택배 하나하나에도 IT 기술이 녹아들어 있죠? 더 빠른 배송, 더 정확한 배송 뒤에는 IT 기술이 있다는 점 잊지 마세요.

배달하는 라이더가 뭐예요?

Q 요즘 오토바이를 타고 배달하는 분들이 많은 것 같아요. 라이더 라고 하던데. 왜 이렇게 많아진 건가요?

A 예전에는 배달음식 하면 중국집이 대표적이었어요. 오토바이 뒤에 짜장면이 든 철가방을 싣고 배달했었죠. 요즘에는 찾아보기 힘듭니다. 음식을 주문하면 라이더가 오죠. 라이더가 많아진 이유는 그만큼 집에서 배달음식을 시키는 사람들이 늘었기 때문입니다.

간단히 얘기해볼게요. 우리가 앱으로 음식을 주문하면 음식점에 주문서가 전달돼요. 음식점에서 요리가 끝나면 라이더에게 전하고, 라이더는 우리에게 음식을 배달해주죠. 예전에는 음식점에서 라이더를 직접 고용했어요. 하지만 요즘은 배달을 대신해주는 '배달대행업체'에 맡기고 있죠.

배달대행 업체를 이용하게 되면 음식점 입장에서는 언제 배달 주문이 들어올지도 모르는 상태에서 배달하는 직원을 고용해야 하는 부담에서 벗어날 수 있고(배달 주문이 없더라도 월급은 줘야 하니까요), 배달하는 라이더 입장에서는 배달하는 만큼 돈을 벌 수 있기 때문에 배달대행업체들이 많이 늘어났습니다.

대표적으로 배달 라이더스, 생각대로, 부릉, 바로고 등의 회사들이 있죠. 어? 그런데 배달의민족 앱에서 주문하면 배달의민족에서 배달을 하는 거 아닌가요? 아니에요. 배달의민족은 편리하게 주문을 할 수 있게 만든 앱입니다. 쿠팡에도 쿠팡 이츠라는 앱이 있죠. 여기서는 주문만 받아 음식점에 전달합니다. 라이더를 운용하는 곳과 다르죠.

배달대행업체들은 라이더를 정직원으로 고용하기도 하고, 계약직 혹은 아르바이트로 고용하기도 합니다. 배달 물량은 점점 늘어나는데 정기적으로 일할 사람이 부족하다 보니까 아르바이트도 늘었죠. 코로나 19 이후로 일자리가 줄고 수입도 부족하다 보니 투잡으로 일하는 분들이 늘어나게 됐어요.

배달하는 수단도 오토바이, 자전거, 킥보드 등으로 다양해졌어요. 문제는 사건사고에 있어요. 여러분은 음식을 배달하면 음식이 언제 도착

되길 원하나요? 최대한 빨리 아닌가요? 다 식은 치킨이나 피자, 불어버린 짜장면을 먹고 싶은 사람도 없을 테니까요. 이렇다 보니 배달 시간을 지키기 위해 라이더들이 신호를 위반하며 달리는 일들이 많습니다. 혹시라도 모를 사고로부터 보호받기 위해서는 '보험'에 가입해야 하는데, 라이더들은 사고가 날 확률이 높다 보니 보험료마저 비싼 편이죠.

가끔 '배달비 무료'를 볼 때가 있어요. 라이더들이 돈을 안 받고 공짜로 배달해준다는 말일까요? 아니죠. 이때는 배달비를 가맹점(음식점)에서 지불하거나 배달중개업체(쿠팡이나 배민)에서 지불하게 됩니다. 음식점 입장에서는 라이더 비용도 지불해야 하고, 배달중개업체에 수수료도 지불해야 합니다. 이렇다 보니 음식 가격은 더 올라갈 수밖에 없죠. 그 피해는 고스란히 주문한 소비자들에게 가고요.

자, 다시 생각해볼게요. 라이더들은 배달을 할 때마다 돈을 받게 되니 이왕이면 한 번에 여러 곳을 가는 게 좋겠죠. 가령 A라는 곳을 갈 때 B와 C가 근처에 있다면 그곳을 모두 들르는 게 좋죠. 그런데 주문하는 사람 입장에서는 라이더가 1분이라도 빨리 오길 바랄 거예요. 바로 이 부분을 만족시키기 위해 등장한 서비스가 '단건 배달'입니다. 한 번에 한곳만 배달하겠다는 약속이죠. 그렇게 되면 배달 속도는 빨라지겠지만, 라이더의 수입은 줄어들게 됩니다. 자신의 수입이 줄어든다는데 찬성할 사람은 없겠죠. 그래서 라이더의 줄어든 수입만큼을 돈으로 보상해주게 됩니다. 예를 들어 라이더의 기본 배달비가 5천 원이라면, 단건 배달은 6천 원 정도로 천 원이 더 부과됩니다. 이 금액을 배달업체들이 서로 경쟁적으로 지불하고 있죠. 그런데 이 경쟁이 끝나면 어떻게 될까요? 한 번 단건 주문을 배달해 빠르게 음식을 먹을 수 있었던 고객들이 느린 배달로 주문하진 않겠죠. 결국 이 금액은 점주의 부담이 되거나 다시 고객이 부담하게 될 겁니다.

그러니 앞으로 배달을 시킬 때에는 이런 관계에 대해서도 꼭 한 번 생각해보세요. 배달하는 분들이 투잡으로 하는 누군가의 아빠나 형, 동생이라는 것도 잊지 말고요. 그리고 하나 더, 과연 우리가 꼭 엄청 빠르게 배달해 먹어야 할 필요가 있을까에 대해서도 생각해보면 좋겠어요. 조금 느리더라도 안전한 배달이 더 중요하지 않을까요?

무인점포는
어떻게
운영되나요?

 요즘 아이스크림 가게나 반찬가게에 가보면 가게 주인이 없어요. 무인점포라고 하던데 이런 곳들은 어떻게 운영되나요?

 계산하는 사람이 없는 가게를 '무인점포'라고 하죠. 스마트 매장이라고도 합니다. 무인점포는 두 가지 방향으로 발전하고 있어요. 하나는 완전 무인점포로 관리하는 사람이 없는 걸 뜻하고, 다른 하나는 하이브리드, 그러니까 반반으로 사람이 절반만 근무하는 점포이죠.

일단 엄청 멋진 점포 하나 소개할게요. 미국 아마존의 무인 매장인 '아마존 고'예요. 아마존 고는 커다란 슈퍼마켓을 생각하면 되는데요. 매장에 들어갈 때 QR코드를 인식한 후 입장하게 됩니다. 사람들은 매장 내에서 사고 싶은 물건을 집어 들고, 정문을 통과해 나가기만 하면 돼요. 계산대를 통과할 필요 없이 나오기면 하면 바로 결제가 되죠. 신기하죠? 아예 계산대가 없어요. 어떻게 가능한 걸까요?

앞에서 간편결제에 대한 이야기를 했었죠? 이 방식이 적용된 겁니다. 아마존 고를 이용하기 위해서는 일단 아마존 회원이어야 해요. 아마존 회원들은 온라인상에서의 간편결제를 위해 자신의 신용카드나 결제 관련 정보들을 이미 등록해놓은 상태죠. QR코드를 인식한 후 매장에 들어가면 매장의 컴퓨터는 '음, 우리 고객님이 오셨구나' 하고 알아차립니다.

고객이 선반에서 물건을 집어 들면 자동으로 가상 카트에 담기고 물건을 내려놓으면 빠지게 돼요. 물건을 세 개 들고 정문을 통과해 나가면 '아까 집어 들었던 물건 세 개 가격은 3만 원이니까. 바로 결제 처리하면 되겠네'라고 컴퓨터가 생각한 후 계산을 하는 거죠. 한마디로 가게에 들어갈 때 눈에 보이지 않는 점원에게 눈에 보이지 않는 신용카드를 맡긴다고 생각하면 됩니다.

그런데 어떻게 물건을 집어들 때마다 물건이 자동으로 가상의 장바구니에 들어가는 걸까요? 물건마다 특수한 칩이라도 넣는 걸까요? 실제로 일부 무인 매장에는 상품에 특수한 칩을 넣는 경우가 있어요. 하지만 아마존 고는 '카메라'를 사용합니다. 천장을 보면 동작인식 카메라

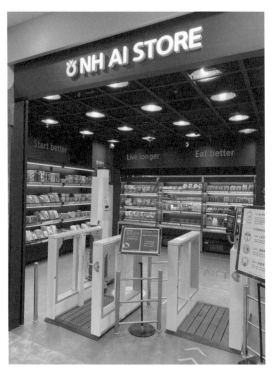

NH AI 스토어　　　　　　　　　　　　출처: 세컨드브레인연구소

가 있어서 고객이 들어와서 나갈 때까지 추적합니다. 선반에서 물건을 골라서 들면, 선반 위에 있는 카메라가 물건이 빠진 걸 확인해서 장바구니에 넣는 식이죠. 이와 비슷한 무인 매장을 가게 되면 천장과 선반 부분을 유심히 살펴보세요. 작은 카메라를 발견할 수 있을 거예요.

　우리나라에도 있습니다. NH농협이나 현대백화점, 이마트 같은 경우 스마트 무인 매장을 만들어서 시험 운행하고 있어요. 무인점포에는 우리가 그동안 익히 들어왔던 인공지능, 사물인터넷, 빅데이터 등 다양한

IT 기술들이 활용되고 있습니다.

그렇다면 이번에는 하이브리드라고 말한 '반반 매장'을 알아볼게요. 반반 매장은 보통 편의점에서 쓰입니다. 편의점은 하루 24시간 동안 열려 있는데, 새벽에는 찾아오는 사람이 적죠. 편의점 주인 혼자서 아침과 저녁, 새벽까지 24시간 동안 일을 한다면 얼마나 피곤할까요. 그래서 새벽에는 별도로 아르바이트를 고용합니다. 그런데 새벽 아르바이트생에게 주는 비용보다 새벽에 팔리는 물건의 금액이 적으면 적자가 나겠죠. 그렇다고 해서 '24시 편의점'인데 새벽에 문을 닫을 수도 없는 상황이에요. 물론 일부 편의점 회사는 장사가 안 되는 새벽에 문을 닫기도 하지만 많은 경우 장사가 안 돼도 문을 열어놓죠. 편의점 점주와 회사들의 계약 조건이 각각 달라서 그런 겁니다.

바로 이 부분을 해결하기 위해 반반 점포가 등장했어요. 밤 10시 정도까지는 사람이 일하고 새벽에는 무인점포인 인공지능에게 맡기는 방식입니다. 새벽에 편의점에 들어오는 고객들은 자신의 신용카드를 인식해야 문이 열려요. 그러면 누가 방문했는지 기록이 남게 되죠. 결제도 셀프 매대에서 알아서 결제하고요.

앞에서 본 것처럼 '동전 없는 사회', '현금 없는 사회'가 되어가고 있기 때문에 이런 일들이 가능한 겁니다. 이러한 변화가 없었다면 아직도 편의점에는 반드시 직원이 안에서 계산하고 거스름돈을 줘야 했겠죠.

동작인식 카메라나 빅데이터 없이 무인 매장을 운영하는 곳도 있습니다. 요즘 많이 생긴 ㅇㅇㅅㅋㄹ와 같은 아이스크림 무인 매장이 대표적인데요. 매장 내에 혹시라도 있을 도둑을 감시하는 정도로 CCTV 및

대만 설치되어 있죠. 계산도 손님들이 무인 계산대에서 알아서 계산하고요.

이렇게 무인 매장이 늘어나게 되면 가장 큰 장점은 인건비를 줄일 수 있다는 겁니다. 점주 입장에서는 좋죠. 하지만 아르바이트 자리가 줄어든다는 건 일자리가 줄어든다는 것과 같기 때문에 좋다고만은 할 수 없어요. 또 하나 단점이 있어요. 아무리 카메라를 잘 설치해놓는다고 해도 일부 도난과 파손은 해결하지 못합니다. 이 점을 악용해서 무인 매장들만 골라서 도둑질을 하는 범죄 사건들도 생겨났죠.

요즘 세상에는 아무리 작은 범죄라도 쉽게 확인이 가능하다는 걸 잊어서는 안 돼요. 무인 매장은 앞으로 더 많이 늘어날 겁니다. 이제는 QR을 인식할 필요 없이 얼굴만 인식해서 열리는 매장이나 길거리를 혼자서 돌아다니는 무인 매장을 만날 수 있을지도 모릅니다.

무인점포

무인점포는 물건을 구매하는 소비자와 물건을 파는 판매자 모두를 위한 점포입니다. 판매자는 아르바이트 고용 비용을 줄일 수 있다는 장점이 있죠. 다만 장점만 있지는 않습니다. 앞에서 본 것처럼 도난 사고가 발생하기도 하죠.

- 무인점포는 앞으로 더 늘어나게 될까요, 아니면 줄어들게 될까요?
- 소비자들에게 무인점포는 어떤 좋은 점이 있을까요?
- 무인점포 도난 사고를 줄이기 위해서는 어떤 부분이 보완되어야 할까요?

새로운
환경의
시대

ESG가 뭐예요?

Q ESG가 뭐예요? 뉴스나 광고에서 ESG 경영이란 말을 많이 하는데, 착한 기업을 이야기하는 건가요?

A ESG를 한마디로 정의하면 착한 기업이 맞습니다. 정확한 뜻은 무엇일까요? ESG는 환경Environment, 사회Social, 지배구조Governance의 영문자 앞 글자를 딴 말이에요. 기업의 일차적인 목적은 이윤 창출이죠. 돈을 벌어야지만 회사가 운영될 수 있고, 회사에 있는 직원들

페트병 분리방법   출처: 서울시 사이트

을 먹여 살릴 수 있어요. 직원들이 쓰는 돈은 다시 물건이나 음식을 사는 데 쓰이게 되어서 사회가 발전하는 순환구조를 만들게 됩니다.

그런데 기업이 성장하다 보면 E에 해당하는 환경에 다양한 영향을 미칩니다. 예를 들어 공장이나 물류센터를 지으면 건물을 짓는 과정에서 폐기물이나 공해가 발생하게 되고, 공장을 운영할 때 매연이 생기기도 하죠. 지구 환경에 대해 우리 모두가 공동체적인 노력을 기울이기 시작한 거예요. 코로나19 이후 기업들은 탄소 배출량을 줄이고 자원을 재활용하는 데 더 신경을 쓰기 시작했죠.

재활용할 때 투명 페트병의 라벨지를 떼어서 재활용함에 넣죠? 음료수를 만드는 기업들은 여기에 그다지 신경을 쓰지 않았어요. 하지만 환경문제가 대두되기 시작하고 소비자들의 관심도 이어지니 신경을 쓸 수밖에 없게 됐죠. 생각해보세요. A 기업의 생수는 라벨지를 떼기 쉽게 만들어졌는데 B 회사의 생수병은 그렇지 않다면, 사람들은 A 기업의 생수를 더 많이 사 먹게 되겠죠.

애플이나 삼성이 스마트폰을 판매할 때 제품의 포장지를 친환경제로 쓰고, 과대포장을 줄이는 것도 다 여기에 해당합니다. 파타고니아는 바다에 버려진 수많은 그물을 재활용하던 부레오라는 회사와 함께 부레오 햇을 만들었죠. 노스페이스의 경우, 노스페이스 삼다수 에디션을 만들었어요. 제주삼다수가 제주도에서 수거해온 페트병으로 재킷과 티셔츠를 만들었죠.

S는 소셜 즉, 사회예요. 이는 사회적 책임으로도 해석되는데 회사에서 직원들을 위한 업무 환경의 개선이 이루어져 있는지, 인권을 존중하는지, 남녀 차별 없이 고용의 평등이 이루어져 있는지를 뜻합니다. 이건 회사 내부에 대한 일인데 회사 외부로도 영향을 미칩니다. 기업 역시 사회의 구성원이기에 벌어들인 수익의 일부를 사회에 환원하는 것을 뜻하기도 하죠. 예를 들어 이케아는 조명이 판매될 때마다 UN 난민기구에 1유로를 기부해요. 오뚜기는 원래 비정규직이 없던 회사로 유명합니다. 사람을 비정규직으로 쓰지 말라는 함태호 명예회장의 유언에 따라 마트에서 시식을 권하는 직원들도 모두 정규직이죠. 이것 역시 사회적 책임에 해당한다고 볼 수 있어요.

마지막으로 G는 지배구조를 말해요. 지배구조는 회사를 경영하고 있는 대표를 비롯한 임원과 직원들 모두 투명하게 문제없이 구성되고 운영되고 있는지를 의미하죠. 대표적으로는 이사회가 제대로 구성되어 있는지, 감사 위원회가 있는지, 정치 기부금과 같이 안 좋은 부분에 관여되어 있지 않은지 등이 이에 해당합니다. 국내 대기업들은 창업자로 부터 물려받은 1대, 2대 혹은 3대에 이르기까지 경영을 하는 경우들이 있죠. 외국의 사례와는 다릅니다. 애플의 CEO인 스티브 잡스가 물러난 후 그의 아들이나 딸이 회사를 경영하는 일은 없죠. 때문에 국내 기업들의 지배구조는 이사회에 대한 부분이 더 강조돼야 하며, 바른 경영을 하고 있다는 걸 더 보여줄 필요가 있습니다.

어떤가요? ESG를 이렇게 정리해보면 착한 기업은 착한 기업인데 생각해야 할 것들이 더 많다는 것을 알 수 있죠. 기업들이 ESG를 하는 이유는 소비자들이 원하기 때문입니다. 오래도록 유지되는 기업, 사랑받는 기업이 되기 위해서는 회사의 규모가 커지고 오래되는 것만큼 소비자들의 기대도 커지고, 이에 대한 답을 해야 하기 때문이기도 합니다. 그러니 오늘부터 음식을 사거나 제품을 구입할 때 해당 기업이 ESG 경영을 하는 회사인지 한번 확인해보는 건 어떨까요?

대체육이
뭐예요?

 대체육이 뭐예요? 고기의 한 종류인가요?

 대체육은 말 그대로 고기 대신에 먹는 고기를 의미해요. 우선 고기를 대체하는 이유부터 알아야겠죠.

첫 번째 이유는 심리적인 이유예요. 고기는 우리에게 단백질을 비롯해 많은 영양소를 주죠. 물론 맛도 있고요. 하지만 닭을 직접 기르거나, 소를 직접 키운 사람들은 차마 닭고기나 소고기를 먹기 어렵죠.

대체육 회사 비욘드미트의 버거들

출처: 비욘드미트 사이트

두 번째 이유는 환경문제입니다. 앞에서 ESG를 이야기했었죠. 여기서 중요한 포인트 중 하나가 '환경'인데 우리가 고기를 먹는 건 환경에 악영향을 미치는 일이기 때문이에요. 미국 천연자원보호협회의 발표에 따르면 소고기 1kg을 생산하는데 25.6kg의 이산화탄소가 배출된다고 해요. 소를 기르기 위해서는 많은 땅이 필요하고, 먹이도 필요하죠. 아마존에서 산불이 일어나고 있다는 것 알고 있나요? 소를 키우기 위한 공간을 확보하거나 소를 먹일 먹이를 기르기 위해서라고 합니다.

대체육에는 두 가지 종류가 있어요. 하나는 식물로 고기를 대체하는 것으로, 이를 식물성 고기라고 하죠. 다른 하나는 배양육이에요.

식물성 고기의 원료로 주로 콩이 쓰입니다. 콩 하면 한때 인기였던 콩짜장이 있어요. 짜장면 안에 고기 대신 콩을 넣었는데 꽤 먹을 만했었죠. 다만 이건 단순하게 콩을 갈아서 만들었기 때문에 식감에는 차이가 날 수밖에 없어요. 식물성 고기는 단백질을 추출하고 여기에 효모, 코코넛 오일 등의 재료를 넣어서 최대한 실제 고기와 같은 식감을 내게 만들죠. 돼지고기나 소고기는 칼로 자르면 빨간 피가 나옵니다. 대체육 역시 피를 비슷하게 만들어내죠. 비트 주스를 통해 붉은 피를 대체하고 코코넛 오일이 육즙을 대체합니다.

배양육은 고기를 배양하는 것으로, 그러니까 뭔가 막 자라나도록 하는 걸 말하는데, 보통 실험실에서 세균을 배양한다고 할 때 배양이라는 말을 쓰는 것과 같죠. 이처럼 소, 돼지 등 동물의 근육에서 줄기세포를 빼서 배양합니다. 실제 고기에서 만들어내기에 맛도 고기와 같습니다. 다만 만들어내는 데 너무 오래 걸려요. 최근에 오사카대학 연구진이 소고기를 만들었는데, 소고기 1cm를 만드는 데만 거의 한 달이 걸렸다고 해요.

미국의 대표적인 대체육 회사는 임파서블 푸드와 비욘드미트가 있어요. 비욘드미트는 이미 서브웨이, 던킨도너츠, KFC 등의 회사들과 제휴를 맺어 제품을 출시한 적이 있죠. 임파서블 푸드는 버거킹과도 제휴를 맺었어요.

우리나라에서도 대체육에 투자하는 회사들은 많습니다. 풀무원이 두부로 만든 두부면, 두부바, 두부텐더 등을 만들었고 이마트에서도 아예 코너를 따로 만들어 국내 회사 지구인컴퍼니의 대체육 고기를 축산 코너에서 팔기 시작했죠. 동원 F&B는 비욘드미트와 계약을 맺어 비욘드버거, 비욘드비프를 판매하고 있습니다.

대체육은 앞으로 더 많이 나올 거고 우리는 더 많이 먹게 될 거예요.

다만 아직은 식감에 실망할 수 있습니다. 100% 고기를 대체한다기보다 고기스러운 맛, 환경을 생각하는 맛으로 먹는 거니까요. 어쩌면 대체육이 가져다주는 또 다른 풍부한 맛에 빠지게 될지도 모르죠. 그런 의미에서 오늘 저녁은 대체육으로 만든 햄버거를 먹어보는 건 어떤가요?

대체에너지가
뭐예요?

  대체에너지가 뭐예요? 왜 대체에너지가 중요해진 건가요?

A 아주 먼 과거로 돌아가볼게요. 과거에 우리 조상들이 살아가기
위해서는 불이 필요했어요. 불이 있어야 고기도 구울 수 있었고

그릇도 만들 수 있었으니까요. 지금은 뭐가 필요하죠? 전기가 필요하죠.
우리 주변의 대부분의 것들이 전기를 필요로 합니다. 집에서 쓰는 전등이
나 컴퓨터, 스마트폰은 물론 지하철도 전기의 힘으로 움직이죠.

자동차는 어떤가요? 자동차는 전기자동차도 있지만 내연기관차들도 있어요. 내연기관차들은 기름을 넣죠, 열차가 달릴 때는 석탄을 사용했었습니다. 석탄과 석유의 문제점은 다들 알고 있을 거예요. 환경을 오염시키죠. 뿐만 아니라 이런 화석에너지들은 무한정으로 쓸 수 없고 시간이 갈수록 계속 고갈됩니다. 환경오염에다 자원 고갈 문제까지 있으니 이를 대체할 수 있는 에너지원들이 필요해졌죠. 그래서 화석연료를 대체하는 걸 대체에너지라고 부르기도 합니다.

지금은 단순한 '대체'가 아니라 환경문제까지 생각하는 에너지라는 뜻에서 '신재생에너지'라는 말이 더 많이 쓰이고 있어요. 신재생에너지에는 어떤 것들이 있을까요? 우선 태양에너지가 있어요. 태양의 빛과 열을 이용하는 방식입니다. 길을 가다가 어떤 집 지붕이나 아파트 베란다 쪽에 까만색 판이 설치된 걸 본 적 있나요? 그게 바로 태양전지판이에요.

태양전지는 집 지붕이나 아파트 베란다는 물론 자동차 지붕, 심지어 저수지에도 설치할 수 있습니다. 경북 상주 오태·저평 저수지에는 세계에서 가장 큰 수상 태양광발전소가 구축되어 있죠. 자동차에 장착하는 걸 솔라루프라고 하는데요. 자동차 지붕이 태양열을 받으면 이 열을 에너지로 저장해두었다가 내부 배터리에 사용됩니다. 이외에도 풍력·수력·지열에너지 등이 있고, 수소에너지도 신재생에너지 중의 하나로 주목받고 있죠.

그렇다면 왜 신재생에너지가 중요해진 걸까요? 전 세계적으로 환경문제가 화제가 되면서 나라별로 탄소중립과 재생에너지 확대를 선언하기 시작했습니다. 그전에는 '야 환경 문제 중요하잖아, 잘 하자~"라며

경북 상주시 저평저수지 3MW 수상 태양광 발전소　　　　　　출처: LG CNS

격려하는 차원에 그쳤다면 2020년부터 국가들이 달라지기 시작한 겁니다. 좀 더 정확하게는 2019년에 열린 UN 기후 정상회의에서 탄소중립 이야기가 구체화되었고, 2020년에 코로나 팬더믹 상황에서 기후 변화에 대한 심각성을 인식했기 때문입니다.

　중국은 2060년까지 탄소중립을, 우리나라와 일본, 유럽은 2050년까지 탄소중립을 하기로 선언했습니다. 그런데 탄소중립은 또 뭘까요? 탄소중립은 탄소를 내보내는 것에 비해 탄소를 흡수하는 것을 늘려 둘 사이의 균형을 맞추자는 이야기입니다. 결국 탄소배출권량을 제로로 만드는 걸 뜻하는데요. 쉬운 일은 아니죠. 우리나라는 2030년까지 2018년 탄소배출권량의 35%를 줄이겠다고 했습니다.

　우리나라뿐 아니라 전 세계가 함께 탄소 줄이기에 나선 상황에서 여기에 직격타를 맞은 건 자동차 회사들이에요. 많은 자동차 회사들이

2030~2035년을 목표로 전기차 생산 강화에 나선 건 이 때문이죠. 국가별로 다르지만 각 국가가 제시하는 탄소배출권량보다 높은 탄소를 배출하는 경우 벌금이 부과되기 때문입니다. 앞서 이야기한 대체육도 이 전체적인 탄소중립이란 이슈 안에서 움직이고 있습니다.

어떤가요? 대체에너지는 단순히 에너지만의 문제가 아니라 신재생에너지와 기후 변화, 탄소중립 등 다양한 이슈를 함께 생각해야 한다는 것 이해되나요? 오늘부터 길을 가다가 태양광 패널을 발견하게 되면 '탄소중립이 잘 되고 있구나' 하고 생각해보기 바랍니다.

우주 여행은
언제쯤
가능한가요?

 우주여행은 언제쯤 가능한가요? 돈은 얼마나 필요하나요?

A 우주여행은 많은 사람들의 로망이죠. 저 멀리 다른 행성까지
는 가지 못하더라도 항상 사진과 영화로만 보던 푸른 별 지구
를 우주에서 볼 수 있다면 얼마나 좋을까요.

결론부터 이야기할게요. 우주여행은 지금도 가능합니다. 우주를 향
한 인류의 관심은 한 번도 사라진 적이 없었습니다. 다만 엄청난 돈이

버진 갤럭틱의 우주선22

출처: 버진 갤럭틱 홈페이지

드는 사업이기에 개인이나 회사보단 주로 국가 차원에서 추진을 해왔죠. 그런데 2020년을 기점으로 달라졌습니다. 우주여행에 진심인 세 개의 기업이 경쟁적으로 우주여행을 시작했기 때문이죠. 바로 스페이스X, 블루 오리진 그리고 버진 갤럭틱입니다. 우리나라 기업도 들어가 있으면 좋을 텐데 좀 아쉽네요.

2021년 7월 세계 최초로 버진 갤럭틱이 우주 관광 여행을 시작했죠. 버진 갤럭틱은 영국 회사로 버진 그룹의 리처드 브랜슨이 만든 회사입니다. 로켓을 쏘아 올리는 게 아니라, 위 그림에 보이는 대형 비행기가 올라갈 수 있는 최고 높이인 성층권까지 올라간 후 그곳에서 우주로 다시 셔틀을 쏘아 올리는 방식을 사용했습니다. 로켓에 비해 안정적이죠. 셔틀 'VSS 유니티'는 하늘을 뚫고 올라가 4분가량 무중력을 체험한 후 귀

환했습니다. 올라가는 데 1시간, 지구 밖 우주는 4분가량 경험했죠.

　두 번째 회사는 블루 오리진입니다. 블루 오리진은 아마존을 창업한 제프 베조스가 만든 회사인데요. 제프 베조스의 어릴 적 꿈이 스페이스 콜로니(우주 식민지)를 만드는 것이었다죠. 회사 창업 후 21년 만에 우주여행을 시작하게 된 겁니다. 블루 오리진의 뉴 셰퍼드 로켓은 고도 107km까지 상승했다가 다시 지상으로 돌아왔습니다. 발사에서 착지까지 걸린 시간은 10분이 조금 넘습니다. 우주여행을 한 시간은 3분 정도이고요. 버진 갤럭틱에 비해 발사 시간이 짧았죠. 블루 오리진이 도달한 107km는 우주와 지구를 구분하는 '카르만라인'을 넘겼기에 최초의 우주비행은 블루 오리진이라는 말도 나옵니다.

　이어 같은 해 9월, 스페이스X의 우주 비행선이 우주로 향했습니다. 스페이스X는 전기차 테슬라의 CEO로 유명한 일론 머스크가 만든 회사입니다. 스페이스X에서 분리된 캡슐 크루 드래건은 575km까지 올랐으며 그야말로 우주에서 2박 3일간 여행한 후 안전하게 지구로 돌아왔습니다. 이 여행은 〈카운트다운: 인스퍼레이션4, 우주로 향하다〉라는 다큐멘터리로 넷플릭스에 올라와 있습니다. 시간이 될 때 꼭 한번 보세요.

　각각 다른 세 개 회사가 우주 관광 시대를 열었기 때문에 일반인들이 티켓을 사서 우주여행을 가는 것도 2022년부터 시작될 예정이라고 합니다. 스페이스X는 1인당 티켓값이 약 600억 원이라고 하고, 버진 갤럭틱은 약 5억 4천만 원이라고 합니다. 블루 오리진은 정확한 가격을 공개하지 않았지만 경매로 내놨을 때 낙찰가가 약 300억 원 정도에 이를 거라고 하죠.

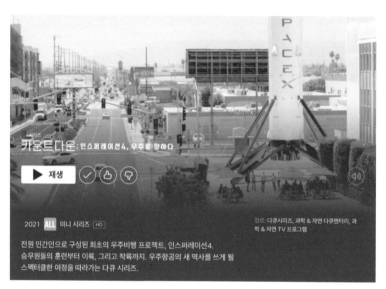

넷플릭스에서 볼 수 있는 〈카운트 다운〉

　　그렇다면 지구를 넘어 우주로 잠깐 나갔다가 돌아오는 비용은 3억 원 정도고, 하루 동안 우주에 머물다가 들어오는 비용을 100억 원 이상으로 봐야겠습니다. 너무 차이가 크고 비싸네요. 하지만 점점 많은 회사들이 우주여행에 뛰어들고 있기 때문에 이 가격은 점점 내려가게 될 겁니다. 앞으로 10년 안에는 1억 원 이하의 돈으로 우주여행을 즐길 수 있는 날이 올 거라 생각해요. 그러니 열심히 돈을 모으고 운동해서 체력을 길러야겠어요.

대체육

고기를 먹지 않는 게 불가능하다면 줄이자, 라는 취지로 시작한 '고기 없는 월요일Meat Free Monday' 캠페인이 있습니다. 비틀스 멤버인 폴 매카트니가 제안하면서 전 세계 40개국에서 진행하는 글로벌 네트워크가 됐죠. 대체육 역시 하나의 대안이 될 수 있을 것 같습니다. 다만 대체육 역시 유전자를 변형시킨 것이기 때문에 불안하다는 이유로 반대하는 사람들도 있습니다. 여러분은 어떻게 생각하나요?

- 대체육을 먹어본 적이 있나요?
- 먹어본 적이 있다면 맛은 어땠나요? 어떤 점이 좋았는지 어떤 점이 개선되면 좋을지 생각해보세요.

새로운
일의
시대

현대자동차는
왜 로봇 개를
만드나요?

Q 현대자동차는 왜 로봇 개를 만드나요? 로봇 개는 얼마예요?

A 로봇에는 강아지처럼 걸어 다니는 4족 보행로봇과 사람처럼 걸어 다니는 2족 보행로봇이 있습니다. 로봇을 연구하는 회사들은 참 많은데요. 이 중에서도 2족 보행로봇을 정말 잘 만드는 보스턴 다이내믹스라는 회사가 있어요. 우리가 유튜브나 광고에서 본 영상은 이 회사의 로봇 개 스팟입니다.

그런데 왜 현대자동차 광고에 나왔을까요? 그건 2021년 초 현대자동차그룹이 미국 회사인 보스턴 다이내믹스를 인수했기 때문입니다. 현대자동차그룹 계열사가 되었죠. 인수한 이유는 딱 한 가지예요. 바로 기술력이죠. 4족 보행로봇인 스팟은 어디서든 돌아다닐 수 있습니다. 방수는 물론 먼지에도 강한 방진 기능을 가지고 있죠. 스카우트 기능을 사용하면 스팟을 원격 조작할 수도 있어요. 넘어지면 자동으로 일어나고, 장애물도 피할 수 있죠. 만약 와이파이가 잡히지 않아서 통신이 불가능해진다면 신호가 잡히는 곳까지 알아서 이동하는 기능도 가지고 있어요. 상당히 영리하죠? 여기에다 스팟암이라는 이름의 로봇팔도 장착할 수 있어요. 이 팔을 통해서 닫힌 문을 열 수 있고, 밸브를 잠그는 것도 가능하죠. 심지어 배터리가 떨어질 것 같으면 충전하는 곳에 스스로 찾아가서 충전하기도 합니다. 멋지지 않나요?

그렇다면 스팟은 어디에 쓰일 수 있을까요? 우선 경비견으로 쓰일 수 있습니다. 사람이 없는 야간 공장이나 공원, 골목과 같이 우범지대를 순찰하는 것도 가능합니다. 화재 현장이나 위험한 물질이 있는 곳도 스팟을 대신 보낼 수 있죠. 이에 GS건설, 포스코건설 등 건설 업체에서 현재 스팟을 도입해 테스트하고 있는 중입니다.

방금 이야기했던 실내를 자율 자재로 돌아다닐 수 있는 기술은 쉬워 보이지만 복잡한 기술이에요. 자동차로 치자면 자율주행차가 혼자서 운전을 하는 것과 같죠. 스팟을 사용하게 되면 굉장히 정밀한 실내 지도를 만들 수 있게 됩니다. 이렇게 되면 나중에는 스팟뿐 아니라 비슷한 로봇들을 만들어 실내나 실외에 물건을 배달하러 돌아다니게 만들 수

2족 보행로봇 아틀라스

도 있겠죠.

또 하나 주목할 로봇은 2족 보행로봇인 아틀라스예요. 아틀라스 역시 정말 놀라운 로봇인데요. 2족 보행로봇은 4족 보행로봇에 비해 중심 잡기가 어렵습니다. 우리 같은 사람이야 두 발로 잘 걸어 다니지만 두 발로 움직이는 로봇은 균형을 유지하는 게 보통 어려운 일이 아니죠. 그런데 아틀라스는 두 발로 걸어 다닐 뿐 아니라 달리기도 합니다. 장애물을 만나면 점프해서 피하죠. 2021년에는 심지어 계단 뛰어오르기, 공중 제비돌기 등 다양한 동작도 하는 영상을 공개했습니다. 이 정도면 그냥 영화의 한 장면이라고 믿어도 될 정도예요.

다만 아쉽게도 아틀라스가 우리 일상에서 쓰이기 전까진 오랜 시간이 걸릴 것 같아요. 스팟만 해도 8천만 원이 넘는 금액에 판매되기 시작했

현대차 웨어러블 로봇 출처: 현대차 블로그

는데 아틀라스는 그보다 훨씬 높은 가격이 측정되겠죠. 한 번 고장 나면 고치는 데에도 더 많은 비용이 들게 될 거고요. 그래서 아직까지는 실험용으로만 쓰이고 있어요.

스팟, 아틀라스가 BTS와 함께 춤추는 영상도 공개되었죠. 이런 영상은 로봇은 우리 생활에서 멀지 않은 곳에 있고 우리의 친구다, 라고 이야기해줍니다. 그렇다고 현대자동차가 모든 로봇 기술을 보스턴 다이내믹스에 의존하는 건 아닙니다.

현대자동차는 이미 H-LEX와 H-MEX라는 이름의 보행 보조로봇을 만들었죠. 이런 로봇들은 입을 수 있다고 해서 '웨어러블 로봇'이라고 합니다. 이런 로봇들을 통해 공장에서 일하는 근로자들의 건강은 물론 일상생활에서 불편을 느끼는 많은 사람들에게 도움이 되는 기술을 접목시키고 있죠.

우리가 만나는 로봇은 웨어러블 로봇이 먼저가 될 겁니다. 물론 그 전에 스팟이 더 작고 귀엽게 나온다면 애완로봇 분야가 더 먼저 성공할 수도 있겠죠. 그나저나 가격만 좀 저렴해지면 좋겠습니다.

우리 일자리를
로봇에게
빼앗기게 될까요?

Q 우리의 일자리는 로봇한테 빼앗기나요? 로봇이 우리보다 일을 잘하면 우리는 공부할 필요가 없어지는 것 아닌가요?

A 정말 이 질문을 많이 받았어요. 걱정되는 일이죠. 일단 로봇과 인공지능 로봇은 구분할 필요가 있어요. 우리가 걱정할 건 우리와 똑같이 생긴 지능을 가진 로봇일 겁니다. 이런 로봇은 언젠가는 나오겠지만 글쎄요, 적어도 10년은 넘게 걸리지 않을까요?

로봇에 대해 알아볼게요. 로봇은 체코어 robota(로보타)에서 나온 말입니다. '노동'이란 뜻이죠. 인류가 로봇을 연구하고 개발해온 이유는 인간의 노동력을 줄이기 위해서예요. 로보타라는 말이 처음 쓰인 건 〈로숨의 유니버설 로봇〉이란 희곡 작품에서였죠. 여기서는 최초의 로봇이 인간을 상대로 반란을 일으키는 장면이 나오는데, 많은 사람들이 두려워하는 게 바로 이것 아닐까요? 우리보다 힘이 센데 머리까지 좋아서 우리를 지배하려는 로봇이 등장하는 것⋯ 부디 그런 일이 생기지 않기를 바라야죠.

로봇을 인간의 노동을 돕는 자동 기계라고 정의하면 좀 더 단순해지죠. 그렇기에 빨래에서 인간의 노동력을 덜어주는 세탁기나 설거지를 대신해주는 식기세척기 그리고 로봇청소기같이 다양한 분야에서 우리는 이미 로봇을 쓰고 있어요. 대신 너무 익숙해지다 보니 인공지능 로봇세탁기 이런 식으로 이름 부르지 않고 그냥 세탁기라고 부를 뿐이죠.

세탁기로 예를 들어볼게요. 세탁하는 일을 로봇이 대신하고 있는데, 그렇다면 우리는 일을 빼앗긴 걸까요? 그렇지 않죠. 많은 사람들을 세탁 노동에서 해방시켜줬어요. 그 시간에 다른 일을 할 수 있게 만들어줬죠.

로봇은 우리의 일자리를 빼앗아갈까요? 역시 아닙니다. 단순 반복적이고 무겁고 귀찮은 일에서 벗어나게 해줄 거예요. 그렇다고 해서 일자리를 아주 빼앗지 않는 건 아닙니다. 우리 동네를 보면 세탁기를 여러 대 보유한 장소가 있어요. 누구나 와서 돈을 넣고 세탁기를 돌린 후 잘 말려서 가져가는 곳이죠. 맞아요. 바로 빨래방이에요. 빨래방이 늘어나게 되면 그만큼 동네 세탁소에는 피해가 갈 수 있습니다.

서빙 로봇 딜리 플레이트

　이걸 지금보다 좀 덜 발달된 로봇으로 대체해 생각해볼게요. 로봇은 우리의 일자리를 빼앗을 수도 있겠네요? 그럴 수도 있고 아닐 수도 있습니다. 이에 대해서 앞으로 어떤 방향으로 나아가는 게 좋을지 고민해볼 필요가 있어요.

　저는 로봇의 도입을 희망적으로 보고 있습니다. 이런 생각을 하게 된 건 중국에 있는 하이디라오라는 로봇 매장을 방문했던 경험 때문이에요. 하이디라오는 중국 요리 훠궈 전문 매장이죠. 그곳은 특이하게 로봇이 서빙을 해요. 주방에서 요리사 음식 재료를 올려놓고 버튼을 누르면 정해진 로봇이 테이블까지 혼자서 찾아갑니다. 중간에 사람들이 길을 막고 있으면 "비켜주세요"라고 말하기까지 하죠. 그렇다면 하이디라오 매장 주인은 사람을 직원으로 안 쓸까요? 그건 아니에요. 로봇이 음식을 테이블 있는 곳까지 가져다 놓으면 음식을 테이블 위에 올려놓는 건 사람인 직원이 하죠. 그렇게 되면 또 로봇을 쓸 필요 없는 것 아닌가 싶을 거예요. 대신 직원들이 무거운 그릇을 들고 나르지 않아도 되죠. 반대로 다 먹은 후 자리를 치울 때 빈 접시를 가져다 놓는 것도 로봇이 한답니다. 일하는 직원들의 일거리를 줄여주면 그만큼 고객 응대와 서비스에 더 집중할 수 있게 되죠.

우리나라에서도 배달의민족 같은 곳에서 서빙 로봇을 대여하고 있어요. 로봇 식당들이 점점 많아지고 있죠. 이 모든 곳에서 사람을 직원으로 계속 고용하고 있는지는 알 수 없어요. 하지만 로봇을 쓴다고 해서 사람 직원이 줄어들면 안 되겠죠. 고객들은 로봇에게서 서빙을 받으면 재미있어 합니다. 하지만 그렇다고 로봇이 고객의 관심을 기울여주거나 공감을 해주지는 않죠. 뭔가 문제가 생겼을 때 해결받을 수 없기 때문에 사람은 여전히 필요합니다.

한때 테슬라의 CEO 일론 머스크는 사람이 없는 완전 무인 로봇 공장을 만들려고 계획했습니다. 실제로 만들어서 가동하기까지 했었죠. 어떻게 되었을까요? 실패했습니다. 사람이 빠지고 모든 걸 기계가 알아서 할 줄 알았지만 오류가 생기면서 자동차 생산이 늦어지게 됐죠. 결국 일론 머스크는 자신의 트위터에 인간의 능력을 과소평가했다는 말을 남기기도 했습니다.

정리해볼게요. 로봇은 우리의 일을 돕기 위해 개발되고 있습니다. 덕분에 우리의 노동은 줄어들고 있죠. 사라지는 일자리도 분명 생길 수밖에 없어요. 다만 사라지는 일자리들은 사람의 노동력이 필요했던 단순 반복적인 일이거나 위험한 일들일 겁니다. 사라지는 수만큼 새로운 일자리들이 생겨날 수도 있다는 얘기죠.

현재 앞으로 사라지게 될 일을 하고 있는 사람들은 어떻게 될까요? 두 가지가 논의되고 있어요. 하나는 재취업 교육을 받는 겁니다. 새로운 일자리를 얻기 위해서 필요한 기술을 배우는데 들어가는 시간과 비용을 지원받는 거죠. 다른 하나는 보조금을 받는 거예요. 당장 일자리를 잃어버리게 되면 그 사람들은 생계를 유지할 수 있는 돈이 필요하겠죠. 그런데 이 보조금은 누가 마련해야 할까요? 이 역시 논의가 필요한 부분이에요.

누군가는 일자리를 잃었지만 다른 누군가는 로봇을 고용함으로써 그만큼의 이득을 봤겠죠. 그래서 로봇을 고용해 업무를 하는 곳에는 로봇세(로봇 세금)을 내야 한다는 이야기가 나오는 겁니다.

더 중요한 건 앞으로 우리는 로봇과 함께 일을 하는 사회를 만들어가야 한다는 데 있어요. 미래는 우리의 상상으로 만들어지기 때문에 이왕이면 즐거운 유토피아의 세계로 펼쳐지길 상상해봅니다.

코딩을 꼭 배워야 하나요?

 코딩은 꼭 배워야 하나요? 복잡하고 어렵기만 해요.

꼭 배워야 하는 건 아닙니다. 하지만 배워두는 게 좋죠. 코딩이란 뭘까요? 프로그램을 만들 때 코드를 입력하는 걸 코딩이라고 해요. 여기서 프로그램이란 컴퓨터가 작동하기 위해 명령어를 입력하는 것을 말합니다. 그럼 간단하게 이렇게 이야기할 수 있겠네요. 컴퓨터와 소통하는 방법. 쉽죠?

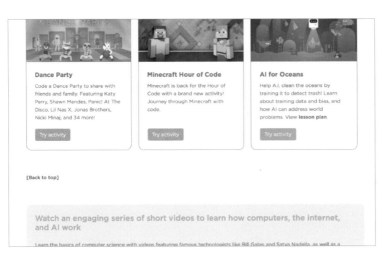

누구나 무료로 코딩을 배울 수 있는 code.org

출처: code

그럼 코딩을 왜 배워야 할까요? 이제는 스마트폰이 없으면 살아가기 힘든 세상이 됐어요. 스마트폰은 마치 우리가 밖에 나갈 때 꼭 옷을 챙겨 입는 것처럼 어디서나 가지고 다니는 생활필수품이 됐죠. 인공지능은 앞으로 더 정교해지고 광범위하게 쓰이게 될 테고요. 우리가 있는 어느 곳에서나 인공지능은 있을 것이고, 우리는 스마트폰과 인공지능을 통해서 소통하게 될 거예요.

그렇다면 코딩을 배우는 이유는 프로그램 제작 방법을 배워서 취업하기 위해서겠네요. 그것도 맞아요. 요즘 메타버스에 대한 이야기 많이 하고 있죠. 메타버스 세상을 코딩하기 위해서는 수많은 능력 있는 프로그래머들이 필요합니다. 여러분이 능력 있는 프로그래머가 된다면 좋은 직장에 취업하는 데 도움이 될 수 있죠. 그런데 코딩은 그것 때문에 배우는 것만은 아닙니다.

앞에서 제가 인공지능과의 소통이라고 했죠. 조금 더 쉽게 말해서 인공지능보다는 컴퓨터라는 말이 더 낫겠네요. 코딩은 컴퓨터와 소통하는 방법을 배우는 겁니다. 그럼 이걸 왜 배워야 할까요? 여러분이 원하는 것들을 제대로 활용하고 필요하다면 직접 만들어낼 수 있기 때문이죠.

요즘 학원에서 가르치는 코딩은 어떤가요? 우선 제가 어렸을 때에는 베이직, 비주얼 베이직 같은 정말 프로그래밍에 해당하는 컴퓨터 용어를 배웠었어요. 정해진 코드를 입력했을 때 모니터에 'hello'라는 단어가 나오면 정말 기뻐하던 시절이 있었죠. 요즘은 좀 달라요. 스크래치나 엔트리와 같은 블록으로 된 코딩을 배워요. 블록을 조합해서 명령어를 완성하면 고양이가 움직이거나 로봇 캐릭터가 움직이죠. 이걸 통해서 좀 더 복잡한 게임을 만드는 것도 가능합니다. 하지만 아무리 엔트리를 잘한다고 해도 여러분이 스마트폰에서 구동되는 멋진 앱을 만들 수는 없어요.

그렇다면 왜 처음부터 파이썬과 같은 고급 코딩 언어를 배우지 않고 스크래치를 배우는 걸까요? 그건 코딩을 배우는 이유가 '컴퓨터적 사고'를 배우는 일이기 때문입니다. 이렇게 생각해볼게요. 앞에 물이 담긴 컵이 있습니다. 물을 마셔야 해요. 우리는 그냥 손으로 컵을 집어서 물을 마시죠. 그런데 이걸 컴퓨터에게 명령을 내린다고 가정해볼게요. "앞에 있는 물을 마셔!" 이렇게 하면 움직이나요? 그렇지 않습니다. 하나하나 명령을 내려야 해요. 오른쪽 앞에 있는 컵을 본다―손을 뻗는다―

물 컵에 손이 닿으면 잡는다—들어서 입까지 가지고 온다—45도 정도로 기울인다—멈춘다—물을 마신다 같이 단계가 세분화됩니다.

코딩은 바로 이 부분을 배우는 거죠. 우리가 생각하는 방식과 컴퓨터가 생각하는 방식이 다르기 때문입니다. 또 하나의 이점이 있는 건 이렇게 하나하나의 행동들을 나누어 생각해보면 어떤 부분을 개선하면 좋은지, 어떤 부분이 불필요했는지를 알 수 있게 되죠.

컴퓨터적인 사고를 배웠다면 그다음은 어떤 걸 배우게 될까요? 여러분이 원하는 대로 직접 사물을 만들거나 움직일 수 있게 됩니다. 무엇이 문제인지를 파악하고 이를 해결하는 방법도 직접 찾을 수 있게 되죠. 수많은 도전을 해보면서 문제를 해결하는 방법은 하나가 아니라 여러 가지라는 것도 '직접' 알 수 있게 돼요.

직접이라는 말이 꽤 많이 나왔죠? 정말 중요한 말이기 때문이에요. 세상의 모든 문제들에 대해서 뭐가 문제인지를 직접 파악하고, 해결책을 찾는 일. 이 두 가지만 잘한다면 어떤 변화에도 대응할 수 있게 된답니다.

이렇게 가볍게 코딩을 배운 후에는 프로그래밍하는 게 재미있거나 적성에 맞다면 좀 더 어려운 언어를 공부해도 됩니다. 그렇지 않다면? '노코딩' 프로그램들을 사용하면 되죠. 점점 컴퓨터가 발달하고 인공지능이 발달할수록 우리는 직접적인 코딩은 하지 않게 될 거예요. 잘 활용하기만 하면 되죠.

예를 들어 여러분은 파워포인트로 문서 만들 줄 알죠? 파워포인트에는 수많은 코딩 값들이 들어있어요. 그런데 여러분이 코딩을 할 줄 안다고 해서 파워포인트를 쓰다가 마음에 들지 않는 부분이 있을 때 프로그램을 고칠 수 있나요? 그렇지 않죠. 반대로 코딩 한 줄도 입력할 줄 모르더라도 파워포인트를 사용할 수 있어요. 바로 이게 노코딩입니다. 홈페이지를 만들 때에도 홈페이지 만들기 사이트에 들어가면 코딩에 대한 지식 없이도 멋진 홈페이지를 만들 수 있죠.

그럼에도 불구하고 여러분이 코딩을 배워야 하는 건 컴퓨터의 작동 방식을 이해해야만 노코딩의 시대에도 컴퓨터를 잘 활용할 수 있기 때문입니다. 아주 기본적인 마우스 클릭, 파일 저장 등과 같은 것들은 누가 가르쳐주지 않아도 그냥 여러분이 아는 게 되어 버렸어요. 코딩 역시 자연스러운 일이 될 겁니다.

그렇기에 모두가 프로그래머가 될 필요는 없습니다. 코딩보다 소설을 더 좋아하는 친구들이라면 소설가가 되는 게 낫죠. 아픈 사람을 치료해주는 게 멋지다고 한다면 의사가 되는 게 낫습니다. 정말 코딩을 잘하는 프로그래머가 게임을 만들 때 소설가와 대화를 하고 의료기기를 만들 때 의사와 대화를 하죠. 단, 서로 공통의 언어인 코딩을 조금만 알고 있다면 쉽게 더 멋진 기기들을 만들어낼 수 있게 되겠죠. 그러니 코딩은 새로운 기회를 만들어 줄 수 있다는 것을 기억해주세요.

로봇과 일자리

로봇은 우리의 노동력을 대신해줍니다. 하지만 점점 인공지능이 발달할수록 우리의 일자리를 빼앗아갈 거라는 이야기도 많죠. 과연 그렇게 될까요? 2019년에 중국에서 쓰기 숙제를 대신해주는 로봇을 초등학생이 구매해서 논란이 된 적이 있었어요. 이에 대해 아이가 잘못했다는 의견이 있던 반면 창의적이라는 의견도 있었죠.

- 여러분은 숙제 로봇을 구매해 숙제하는 것에 대해 어떻게 생각하나요?
- 우리보다 뛰어난 로봇이 우리의 일을 대신한다면 우리는 무엇을 해야 할까요?

학습용 참고 URL

- QR 제작 사이트   https://qr.naver.com

- 네이버 데이터 센터   https://datacenter.navercorp.com/tech/gak-chuncheon

- 구글 인공지능 테스트 사이트   https://teachablemachine.withgoogle.com/

- 크리에이티브 커먼즈 라이선스   http://ccl.cckorea.org

- 소프트웨어야 놀자   https://www.playsw.or.kr/main

- 무료 코딩 사이트   https://code.org

청소년을 위한 한발빠른 IT 수업

초판 1쇄	2022년 3월 7일
초판 2쇄	2022년 10월 3일

지은이	이임복
펴낸이	서정희
펴낸곳	매경출판㈜
책임편집	서정욱
마케팅	김익겸 한동우 장하라
디자인	유어텍스트 김신아
일러스트	그림요정더최광렬

매경출판㈜

등록 2003년 4월 24일(No. 2-3759)

주소 (04557) 서울시 중구 충무로 2(필동1가) 매일경제 별관 2층 매경출판㈜

홈페이지 www.mkbook.co.kr

전화 02)2000-2630(기획편집) 02)2000-2636(마케팅) 02)2000-2606(구입 문의)

팩스 02)2000-2609 **이메일** publish@mk.co.kr

인쇄·제본 ㈜M-print 031)8071-0961

ISBN 979-11-6484-378-7(03500)

바쁜 일상 속에서 잠깐 멈춰서 질문을 던지고 답을 찾아보세요. 우리가 당연히 누리고 있는 것들에 대해서 잘 모르고 있다면 스스로 답을 찾아보는 거예요. 스스로 답을 찾는 과정에서 여러분은 틀림없이 무엇이든 될 수 있다는 자신감과 세상의 변화에 뒤처지지 않는다는 확신을 가지게 될 겁니다.

일상에서 만나는 IT 기술부터 미래 일자리까지
요즘 뜨는 IT의 모든 것

게임 데이터는 어디에 저장되는 걸까?

메타버스란 무엇일까?

유튜브는 내가 좋아하는 영상을 어떻게 알 수 있는 걸까?

우주여행은 언제쯤 가능할까?

우리의 일자리가 로봇에게 빼앗길까?

단순히 정의와 해답을 제시하는 게 아니라 IT가 왜 이렇게 쓰이고 구성되는지, 이용 방법까지 친절하게 설명되어 있어 실생활에 유용한 책이다. 선생님이나 부모님이 답해주지 못하는 내용들이기에 청소년들에게 큰 도움이 될 것으로 기대한다.

웅진씽크빅 대표이사   이재진

청소년들이 일상생활에서 쉽게 지나치던 IT 용어들과 원리가 Q&A로 설명되어 있어 교육적으로 재미있고 몰입감 있게 최신 IT 트렌드를 제공하고 있다. 매일 함께하고 있는 기술들을 재미있게 돌아보는 시간으로 청소년들뿐 아니라 부모에게도 이 책을 적극 추천한다.

테크빌교육 상무   김지혜

4차 산업혁명 시대를 넘어 코로나19로 앞당겨진 미래에서 우리 사회는 빠르게 변화하고 있다. 변화의 흐름을 읽고 미래를 이끌어가기 위한 만능키 IT. IT의 모든 것을 쉽게 설명하는 이 책은 미래를 준비하는 지침서 역할을 할 것으로 기대한다.

서울교육연수원 초등교원연수부 연구사   이지연

이 책을 읽는 청소년들이 삶 속에 펼쳐진 대부분의 IT 상식을 풍부하게 갖추게 될 것이라 믿어 의심치 않는다. 내가 가르치는 기술 교과서 옆에 함께 놓고 학생들과 이야기를 나누어보고 싶은 재료가 무궁무진하다.

서울 해누리중학교 기술교사   이상민

03500

ISBN 979-11-6484-378-7

9 791164 843787

값 15,000원